La Transición Energética en el Transporte

Hacia la Movilidad Sostenible

Francisco José Hurtado Mayén

Contenido

Introducción: La necesidad de una transición en el transporte 7

    El impacto ambiental del transporte 9

    La evolución hacia un transporte sostenible 10

    Vehículos eléctricos: Una revolución en marcha 11

    Transporte público y movilidad compartida 12

    Políticas públicas: El papel del gobierno en la transición 13

    Estudios de caso: Ejemplos de éxito 15

    Desafíos y oportunidades en la transición 16

    Conclusión 18

Capítulo 1: Historia y evolución de los vehículos eléctricos 21

    Primeros vehículos eléctricos: Los pioneros del siglo XIX 22

    Motor de combustión interna y la crisis del petróleo de los 70 23

    Desafíos y barreras para la adopción de vehículos eléctricos 29

    El futuro de los vehículos eléctricos 31

    Conclusión 33

Capítulo 2: Innovaciones en el transporte público y movilidad 35

    Transporte público eléctrico: Autobuses y tranvías eléctricos 36

    Movilidad compartida: Carsharing, bikesharing y ridesharing 38

    Vehículos autónomos y su integración 40

    Impacto de la movilidad compartida 41

    Políticas de las políticas en tecnologías sostenibles 43

    Perspectivas futuras: Innovaciones y tendencias emergentes 47

    Conclusión 50

Capítulo 3: Impacto de las políticas en tecnologías sostenibles 53

Subsidios e incentivos económicos 54

Regulaciones y normativas 56

Inversiones en infraestructura 61

Colaboraciones público-privadas 64

Impacto de políticas públicas en las tecnologías sostenibles 66

Desafíos y lecciones aprendidas 69

Innovaciones y tendencias en políticas públicas 72

Conclusión 76

Capítulo 4: Estudios de caso y perspectivas futuras 79

Estudios de caso: Innovaciones y éxitos en movilidad sostenible 80

Perspectivas futuras: Tendencias emergentes y oportunidades 86

Conclusión 90

Capítulo 5: Innovación Tecnológica en la Movilidad Sostenible 93

Vehículos eléctricos de nueva generación 94

Cargas inalámbricas y rápidas 96

Telemática y vehículos conectados 99

Tecnologías de reducción de emisiones 102

Conclusión 105

Capítulo 6: La Movilidad Sostenible en las Ciudades Inteligentes 109

Definición y características de una ciudad inteligente 110

Movilidad urbana y transporte inteligente 112

Gestión de tráfico y planificación urbana 115

Tecnologías de movilidad sostenible en ciudades inteligentes 119

Impacto de la movilidad en ciudades inteligentes 122

Desafíos y barreras para la implementación 125

Futuro de la movilidad en ciudades inteligentes 128

Conclusión 131

Capítulo 7: Ciudadanía y Educación en la Movilidad Sostenible 133

Campañas de concienciación y educación pública 134

Participación comunitaria en la planificación del transporte 137

Programas educativos y formación 141

Impacto de la participación ciudadana y la educación 144

Desafíos y barreras para la participación ciudadana y la educación 148

Futuro de la participación y educación en movilidad sostenible 152

Conclusión 155

Capítulo 8: Beneficios Económicos de la Movilidad Sostenible 157

Reducción de costos operativos 158

Crecimiento económico y creación de empleo 161

Ahorros en salud pública 165

Incentivos económicos y retorno de inversión 168

Ejemplos de impacto económico positivo en la movilidad sostenible 172

Desafíos económicos de la movilidad sostenible 175

Perspectivas futuras y oportunidades emergentes 179

Conclusión 183

Capítulo 9: Movilidad Sostenible en Zonas Rurales 185

Desafíos específicos de las regiones rurales 186

Soluciones adaptadas para movilidad rural 189

Políticas y programas de apoyo 192

Casos de éxito en movilidad rural 195

Estrategias de implementación y mejores prácticas 198

Perspectivas futuras y oportunidades emergentes 201

Conclusión 205

Conclusión: Hacia un Futuro de Movilidad Sostenible 207

    Recapitulación de los aprendizajes clave 208

    Desafíos y oportunidades emergentes 214

    Perspectivas futuras para la movilidad sostenible 216

    Visión para un futuro sostenible 219

    Conclusión 221

Introducción: La necesidad de una transición en el transporte

El transporte ha sido y sigue siendo uno de los pilares fundamentales de la sociedad moderna. Desde los primeros carruajes tirados por caballos hasta los aviones que cruzan continentes en cuestión de horas, los avances en el transporte han transformado radicalmente nuestra forma de vivir, trabajar y relacionarnos. Sin embargo, este impresionante progreso ha tenido un costo significativo para el medio ambiente y la salud pública. Hoy en día, el sector del transporte es responsable de una gran parte de las emisiones de gases de efecto invernadero y de la contaminación del aire en nuestras ciudades.

Ante la creciente crisis climática y las crecientes preocupaciones por la calidad del aire, la necesidad de una transición hacia modos de transporte más sostenibles se ha vuelto imperativa. Este libro no solo aborda esta urgente necesidad, sino que también pretende inspirar y motivar a gobiernos, empresas y ciudadanos a tomar medidas concretas y efectivas.

En estas páginas, exploraremos cómo las tecnologías avanzadas, las políticas públicas efectivas, la participación ciudadana y los beneficios económicos pueden converger para crear un sistema de transporte más sostenible y equitativo. El éxito de la movilidad sostenible depende de nuestra capacidad para trabajar juntos, innovar y mantener un firme compromiso con la sostenibilidad.

Con el enfoque adecuado, podemos construir un sistema de transporte que no solo satisfaga nuestras necesidades de movilidad, sino que también proteja nuestro planeta y mejore la calidad de vida para todos. Esperamos que las lecciones y estrategias presentadas en este libro sirvan de guía e inspiración para construir un futuro de movilidad más limpio, eficiente y justo para las generaciones venideras. Con determinación y colaboración, podemos avanzar hacia un futuro de movilidad sostenible que beneficie a todos y asegure un planeta más saludable y próspero.

El impacto ambiental del transporte

El transporte, tal como lo conocemos, depende en gran medida de los combustibles fósiles. Los automóviles, camiones, aviones y barcos utilizan principalmente gasolina, diésel y queroseno, todos ellos derivados del petróleo. La combustión de estos combustibles produce dióxido de carbono (CO_2), el principal GEI, junto con otros contaminantes nocivos como el óxido de nitrógeno (NO_x) y las partículas finas (PM2.5). Estas emisiones no solo contribuyen al cambio climático, sino que también tienen graves repercusiones para la salud humana.

El cambio climático es quizás el desafío más urgente de nuestra era. La acumulación de GEI en la atmósfera está causando un aumento de las temperaturas globales, lo que a su vez provoca fenómenos climáticos extremos como huracanes más intensos, sequías prolongadas e incendios forestales devastadores. Las emisiones del sector del transporte representan aproximadamente una cuarta parte de las emisiones globales de CO_2, y reducir estas emisiones es crucial para mitigar los efectos del cambio climático.

La contaminación del aire es otro problema crítico asociado con el transporte. Según la Organización Mundial de la Salud (OMS), la contaminación del aire es responsable de millones de muertes prematuras cada año. Los contaminantes del aire pueden causar enfermedades respiratorias y cardiovasculares, cáncer de pulmón y otros problemas de salud graves. Las ciudades con altos niveles de tráfico suelen sufrir los peores niveles de contaminación del aire, lo que afecta desproporcionadamente a las comunidades vulnerables y de bajos ingresos.

La evolución hacia un transporte sostenible

La transición hacia un transporte sostenible no es solo una cuestión de reducir las emisiones y la contaminación. También se trata de construir un sistema de transporte que sea equitativo, accesible y resiliente. Un transporte sostenible debe ser capaz de satisfacer las necesidades de movilidad de todas las personas, independientemente de su ubicación o situación económica, y debe estar preparado para enfrentar los desafíos futuros, desde el crecimiento urbano hasta los impactos del cambio climático.

En las últimas décadas, ha habido un progreso significativo en el desarrollo de tecnologías y estrategias para hacer que el transporte sea más sostenible. Los vehículos eléctricos (VE) han pasado de ser una curiosidad tecnológica a una opción viable y cada vez más popular. Las innovaciones en el transporte público, como los autobuses eléctricos y los sistemas de tránsito rápido, están ayudando a reducir la dependencia de los automóviles privados. Las soluciones de movilidad compartida, como el carsharing y el bikesharing, están transformando la forma en que las personas se desplazan en las ciudades.

Vehículos eléctricos: Una revolución en marcha

Los vehículos eléctricos son una de las tecnologías más prometedoras para reducir las emisiones del transporte. A diferencia de los vehículos con motores de combustión interna, los VE no emiten CO_2 ni otros contaminantes durante su operación. Además, los VE pueden ser alimentados por fuentes de energía renovable, lo que reduce aún más su impacto ambiental.

El resurgimiento de los VE en las últimas dos décadas ha sido impulsado por varios factores. En primer lugar, ha habido avances significativos en la tecnología de baterías, especialmente en las baterías de iones de litio. Estas baterías son más ligeras, tienen una mayor capacidad de almacenamiento de energía y son más duraderas que las baterías de generaciones anteriores. Como resultado, los VE modernos tienen una autonomía mucho mayor y son más prácticos para el uso diario.

En segundo lugar, los gobiernos de todo el mundo han implementado políticas para promover la adopción de VE. Estas políticas incluyen subsidios directos para la compra de VE, incentivos fiscales, restricciones a los vehículos contaminantes y el desarrollo de infraestructura de carga. Estas medidas han ayudado a reducir el costo total de propiedad de los VE y a aumentar su atractivo para los consumidores.

Además, la industria automotriz ha realizado inversiones masivas en el desarrollo y producción de VE. Empresas como Tesla, Nissan, General Motors y muchas otras están lanzando al mercado una gama cada vez mayor de modelos eléctricos. Esta competencia ha acelerado la innovación y ha contribuido a la disminución de los precios de los VE.

Transporte público y movilidad compartida

Mientras que los VE ofrecen una solución para los desplazamientos individuales, el transporte público y las soluciones de movilidad compartida son esenciales para reducir la dependencia general de los automóviles privados. Un sistema de transporte público eficiente y accesible puede mover a un gran número de personas de manera mucho más sostenible que los vehículos privados.

Los autobuses eléctricos y los sistemas de tránsito rápido (como los trenes ligeros y los metros) son ejemplos de cómo el transporte público puede adaptarse para ser más sostenible. Los autobuses eléctricos, en particular, están ganando popularidad en muchas ciudades debido a su menor costo operativo y su menor impacto ambiental en comparación con los autobuses diésel tradicionales. Además, los sistemas de tránsito rápido pueden transportar a grandes cantidades de personas de manera eficiente y con bajas emisiones.

Las soluciones de movilidad compartida, como el carsharing, el bikesharing y el ridesharing, también están desempeñando un papel importante en la transición hacia un transporte más sostenible. Estas opciones permiten a las personas acceder a un vehículo o bicicleta cuando lo necesitan, sin tener que poseer uno. Esto no solo reduce el número de vehículos en las carreteras, sino que también fomenta el uso de modos de transporte más sostenibles, como caminar y andar en bicicleta.

Políticas públicas: El papel del gobierno en la transición

Las políticas públicas son cruciales para facilitar y acelerar la transición hacia un transporte sostenible. Los gobiernos pueden implementar una variedad de medidas para promover el uso de tecnologías y prácticas de transporte sostenibles. Estas medidas incluyen incentivos económicos, regulaciones, inversiones en infraestructura y campañas de concienciación.

Los incentivos económicos, como los subsidios para la compra de VE y las exenciones fiscales, pueden hacer que los vehículos y tecnologías sostenibles sean más asequibles para los consumidores. Las regulaciones, como las normas de emisiones y las zonas de bajas emisiones, pueden obligar a los fabricantes y operadores de transporte a reducir su impacto ambiental.

Las inversiones en infraestructura, como la construcción de estaciones de carga para VE y la expansión de las redes de transporte público, son esenciales para apoyar el uso de tecnologías sostenibles. Sin una infraestructura adecuada, los consumidores pueden encontrar difícil o inconveniente adoptar nuevas tecnologías.

Finalmente, las campañas de concienciación pueden ayudar a educar al público sobre los beneficios del transporte sostenible y fomentar cambios en el comportamiento. Estas campañas pueden incluir información sobre los impactos ambientales del transporte, así como consejos prácticos para reducir el uso del automóvil y optar por modos de transporte más sostenibles.

Estudios de caso: Ejemplos de éxito

A lo largo del mundo, hay numerosos ejemplos de ciudades y países que están liderando el camino en la transición hacia un transporte sostenible. Estos estudios de caso ofrecen valiosas lecciones y demuestran que, con la combinación adecuada de políticas, tecnología y voluntad política, es posible lograr un cambio significativo.

Noruega: Noruega es un líder mundial en la adopción de VE, con un porcentaje significativo de su población conduciendo automóviles eléctricos. Esto ha sido posible gracias a generosos incentivos gubernamentales, como exenciones de impuestos, peajes y estacionamiento gratuitos para VE. Además, Noruega ha invertido fuertemente en infraestructura de carga, lo que facilita el uso diario de los VE.

China: China ha realizado grandes avances en la electrificación del transporte público, especialmente en sus autobuses. Ciudades como Shenzhen han electrificado completamente sus flotas de autobuses, reduciendo significativamente las emisiones y mejorando la calidad del aire. El gobierno chino ha apoyado estos esfuerzos con políticas de subsidios y regulaciones estrictas sobre emisiones.

Estados Unidos: En Estados Unidos, varias ciudades y estados han implementado políticas exitosas para promover el transporte sostenible. California, por ejemplo, ha establecido objetivos ambiciosos para la reducción de emisiones y ha implementado una serie de incentivos para los VE y otras tecnologías limpias. Además, ciudades como Nueva York y Seattle están invirtiendo en la expansión y mejora de sus sistemas de transporte público.

América Latina: En América Latina, ciudades como Bogotá y Santiago han realizado importantes avances en la promoción del transporte público y la movilidad sostenible. Bogotá es conocida por su sistema de tránsito rápido en autobús (BRT), TransMilenio, que ha mejorado significativamente la movilidad y reducido las emisiones. Santiago, por su parte, ha implementado un plan para electrificar su flota de autobuses y ha mejorado su red de metro.

Desafíos y oportunidades en la transición

Aunque hay muchos ejemplos de éxito, la transición hacia un transporte sostenible enfrenta una serie de desafíos. Uno de los principales desafíos es el costo inicial de las nuevas tecnologías. Aunque los VE y los autobuses eléctricos pueden ser más baratos de operar a largo plazo, su costo inicial sigue siendo elevado en comparación con las alternativas tradicionales. Esto puede ser una barrera para los consumidores y las ciudades con recursos limitados.

Otro desafío es la infraestructura. La adopción de VE requiere una red extensa y confiable de estaciones de carga, y la expansión del transporte público requiere inversiones significativas en nuevas líneas y vehículos. En muchos lugares, la infraestructura existente no está preparada para soportar estas nuevas tecnologías, y las inversiones necesarias pueden ser costosas y llevar tiempo.

Además, hay desafíos relacionados con la aceptación y el cambio de comportamiento. Las personas pueden ser reacias a cambiar sus hábitos de transporte, especialmente si están acostumbradas a la conveniencia del automóvil privado. Fomentar el uso del transporte público y las soluciones de movilidad compartida requiere cambios culturales y de comportamiento, así como mejoras en la calidad y accesibilidad de estos servicios.

A pesar de estos desafíos, la transición hacia un transporte sostenible también presenta muchas oportunidades. Las innovaciones tecnológicas continúan reduciendo los costos y mejorando el rendimiento de las tecnologías sostenibles. Las políticas públicas pueden jugar un papel crucial en superar las barreras y facilitar el cambio. Y, quizás lo más importante, la transición hacia un transporte sostenible puede ofrecer beneficios significativos para el medio ambiente, la salud pública y la calidad de vida en general.

Conclusión

La necesidad de una transición hacia un transporte sostenible es clara. Los impactos ambientales y de salud del actual sistema de transporte basado en combustibles fósiles son insostenibles, y la crisis climática requiere una acción urgente. Afortunadamente, hay muchas tecnologías y estrategias disponibles que pueden ayudarnos a lograr esta transición.

Los vehículos eléctricos, el transporte público eléctrico y las soluciones de movilidad compartida ofrecen caminos viables para reducir las emisiones y mejorar la sostenibilidad del transporte. Las políticas públicas y las inversiones en infraestructura son esenciales para apoyar estas tecnologías y facilitar su adopción. Y los estudios de caso de todo el mundo demuestran que, con la combinación adecuada de políticas, tecnología y voluntad política, es posible lograr un cambio significativo.

Este libro explorará en profundidad estos temas, proporcionando una guía exhaustiva sobre la transición hacia un transporte sostenible. Analizaremos la historia y evolución de los VE, las innovaciones en el transporte público y la movilidad compartida, las políticas públicas efectivas y los estudios de caso inspiradores. A través de esta exploración, esperamos proporcionar una visión clara y convincente de cómo podemos construir un sistema de transporte más sostenible y equitativo para el futuro.

Capítulo 1: Historia y evolución de los vehículos eléctricos

Los vehículos eléctricos (VE) están revolucionando la forma en que entendemos el transporte y la energía. A diferencia de los vehículos con motores de combustión interna, que queman combustibles fósiles para generar energía, los VE funcionan con electricidad almacenada en baterías. Este cambio no solo reduce las emisiones de gases de efecto invernadero, sino que también ofrece la posibilidad de utilizar fuentes de energía renovable para alimentar el transporte. Para comprender el impacto y el potencial de los VE, es esencial explorar su historia, los avances tecnológicos que han permitido su resurgimiento y los desafíos que aún enfrentan.

Primeros vehículos eléctricos: Los pioneros del siglo XIX

La historia de los vehículos eléctricos se remonta al siglo XIX, una época de gran innovación en la tecnología del transporte. Los primeros prototipos de vehículos eléctricos aparecieron casi simultáneamente con los primeros automóviles de combustión interna. A finales del siglo XIX y principios del siglo XX, los VE eran considerados competidores serios de los automóviles de gasolina y vapor.

Uno de los primeros hitos en la historia de los VE fue el trabajo del inventor británico Thomas Parker, quien construyó un vehículo eléctrico en 1884 utilizando baterías recargables de alta capacidad. Al mismo tiempo, en los Estados Unidos, inventores como William Morrison de Des Moines, Iowa, también estaban desarrollando sus propios vehículos eléctricos. El automóvil de Morrison, construido en 1891, podía transportar hasta seis pasajeros y alcanzar una velocidad máxima de 23 km/h.

A finales del siglo XIX, los VE tenían ciertas ventajas sobre sus competidores. Eran más silenciosos y fáciles de operar que los vehículos de gasolina, que requerían el arranque manual del motor, una tarea físicamente exigente.

Además, los VE no emitían humo ni olores desagradables, lo que los hacía más atractivos para el uso urbano. En 1899 y 1900, los VE representaban aproximadamente un tercio de todos los vehículos en las carreteras de Estados Unidos.

Motor de combustión interna y la crisis del petróleo de los 70

A pesar de sus primeras ventajas, los VE comenzaron a perder terreno frente a los automóviles de combustión interna en las primeras décadas del siglo XX. Varias razones contribuyeron a este declive. En primer lugar, los motores de combustión interna mejoraron rápidamente en términos de rendimiento y fiabilidad. La invención del motor de arranque eléctrico por Charles Kettering en 1912 eliminó la necesidad de arrancar manualmente los automóviles, haciendo que los vehículos de gasolina fueran más fáciles de usar.

Además, la producción en masa de automóviles de gasolina, iniciada por Henry Ford con el Modelo T, redujo significativamente los costos de producción y, por ende, el precio de venta. Los automóviles de gasolina se volvieron más accesibles para el público en general, mientras que los VE, que seguían siendo caros de producir, no pudieron competir en términos de precio.

Otro factor crucial fue la infraestructura. La red de estaciones de servicio para gasolina se expandió rápidamente, mientras que la infraestructura para cargar VE permaneció limitada. La combinación de estos factores llevó a un dominio casi total de los vehículos de combustión interna a mediados del siglo XX.

Sin embargo, la crisis del petróleo de los años 70 despertó un renovado interés en los VE. Los altos precios del petróleo y la preocupación por la dependencia energética impulsaron la investigación y el desarrollo de alternativas a los combustibles fósiles. Durante este período, varios fabricantes de automóviles y gobiernos comenzaron a explorar nuevamente el potencial de los VE. Aunque los avances fueron limitados y los VE no lograron una adopción masiva en ese momento, se sentaron las bases para futuros desarrollos.

Tecnologías clave: Baterías, motores y gestión energética

El resurgimiento de los vehículos eléctricos (VE) en las últimas dos décadas ha sido posible gracias a una serie de avances tecnológicos, particularmente en el campo de las baterías, los motores eléctricos y los sistemas de gestión de energía. Las baterías de iones de litio han sido un factor crucial en el renacimiento de los VE. Inventadas en la década de 1980, estas baterías ofrecen una mayor densidad de energía y una vida útil más larga en comparación con las baterías de plomo-ácido utilizadas en los primeros VE. La densidad de energía de las baterías de iones de litio permite almacenar más energía en un espacio más pequeño, lo que resulta en vehículos con mayor autonomía. Además, los costos de las baterías de iones de litio han disminuido drásticamente en los últimos años, gracias a las mejoras en los procesos de fabricación y al aumento de la producción a escala global. Esta reducción de costos ha sido fundamental para hacer que los VE sean más accesibles para el consumidor promedio.

Los motores eléctricos que impulsan los VE también han experimentado importantes avances. Los motores de imán permanente, que utilizan imanes de tierras raras, ofrecen una alta eficiencia y un alto rendimiento en comparación con los motores eléctricos tradicionales. Estos motores son más compactos y ligeros, lo que contribuye a mejorar la eficiencia energética de los vehículos. Además, los avances en la electrónica de potencia han permitido un control más preciso de los motores eléctricos, mejorando la capacidad de respuesta y el rendimiento general del vehículo. La regeneración de energía durante el frenado, una característica presente en la mayoría de los VE modernos, permite recuperar parte de la energía cinética y almacenarla en la batería, aumentando aún más la eficiencia del vehículo.

Los sistemas de gestión de energía son esenciales para optimizar el rendimiento y la duración de la batería en los VE. Estos sistemas monitorean continuamente el estado de la batería, gestionan la carga y descarga, y aseguran que el motor eléctrico opere en condiciones óptimas. La tecnología de gestión térmica también juega un papel crucial, manteniendo las baterías y los motores a una temperatura ideal para maximizar su eficiencia y longevidad. Además, los sistemas de gestión de energía en los VE modernos están integrados con software avanzado que puede ajustar dinámicamente el consumo de energía en función de las condiciones de conducción, el estilo del conductor y otros factores. Esta inteligencia artificial y el aprendizaje automático están comenzando a desempeñar un papel cada vez más importante en la optimización del rendimiento de los VE.

Adopción y tecnologías emergentes

Hoy en día, los vehículos eléctricos (VE) están en una trayectoria ascendente, con un crecimiento significativo en las ventas y la adopción en todo el mundo. Varios factores están impulsando esta tendencia, incluidos los avances tecnológicos mencionados anteriormente, las políticas gubernamentales favorables y el creciente interés de los consumidores en soluciones de transporte más sostenibles.

En los últimos años, las ventas de VE han aumentado exponencialmente. En 2020, a pesar de la pandemia de COVID-19, las ventas globales de VE superaron los 3 millones de unidades, un aumento significativo en comparación con años anteriores. Este crecimiento ha sido particularmente notable en mercados como China, Europa y, en menor medida, Estados Unidos.

Los gobiernos de todo el mundo están implementando políticas para fomentar la adopción de VE. Estas políticas incluyen subsidios directos para la compra de VE, incentivos fiscales, restricciones a los vehículos de combustión interna y el desarrollo de infraestructura de carga. Por ejemplo, Noruega ha implementado una serie de incentivos que han llevado a que más de la mitad de los automóviles nuevos vendidos en el país sean eléctricos.

La infraestructura de carga es un componente crítico para el éxito de los VE. En respuesta al aumento de la demanda, se están expandiendo rápidamente las redes de estaciones de carga. Empresas como Tesla han desarrollado sus propias redes de supercargadores, mientras que otros fabricantes y proveedores de energía están invirtiendo en la construcción de estaciones de carga públicas y privadas.

Además de las tecnologías existentes, se están desarrollando nuevas innovaciones que podrían transformar aún más el mercado de los VE. Las baterías de estado sólido, por ejemplo, prometen una mayor densidad de energía y tiempos de carga más rápidos en comparación con las baterías de iones de litio actuales. Estas baterías utilizan un electrolito sólido en lugar de uno líquido, lo que mejora la seguridad y la eficiencia.

Otra área de desarrollo es la carga inalámbrica, que permitiría a los VE cargarse sin necesidad de conectarse físicamente a una estación de carga. Esta tecnología, aún en fases experimentales, podría hacer que la carga de VE sea más conveniente y accesible.

Los vehículos autónomos también están emergiendo como una tecnología complementaria a los VE. Estos vehículos, que utilizan sensores, inteligencia artificial y conectividad avanzada para navegar sin intervención humana, tienen el potencial de mejorar la eficiencia del transporte y reducir aún más las emisiones. Los vehículos autónomos eléctricos podrían optimizar las rutas de conducción, minimizar el consumo de energía y facilitar la integración de energías renovables en el sistema de transporte.

Desafíos y barreras para la adopción de vehículos eléctricos

A pesar del progreso significativo, la adopción masiva de vehículos eléctricos (VE) aún enfrenta varios desafíos. Estos desafíos deben ser abordados para garantizar que los VE puedan cumplir su promesa de transformar el transporte y reducir las emisiones.

Aunque los costos de las baterías han disminuido, los VE siguen siendo más caros que los vehículos de combustión interna comparables. Este costo inicial más alto puede ser una barrera para muchos consumidores, especialmente en mercados donde los incentivos gubernamentales son limitados o inexistentes. La reducción continua de los costos de producción y el aumento de la competencia en el mercado de VE son esenciales para hacer que los VE sean más accesibles.

La disponibilidad y accesibilidad de la infraestructura de carga sigue siendo un desafío. En muchas áreas, la red de estaciones de carga no está suficientemente desarrollada para soportar una adopción masiva de VE. La expansión de la infraestructura de carga, incluida la carga rápida en áreas urbanas y rurales, es crucial para proporcionar a los consumidores la confianza de que podrán cargar sus vehículos de manera conveniente.

Aunque la autonomía de los VE ha mejorado significativamente, todavía existen preocupaciones sobre la capacidad de los VE para realizar viajes largos sin recargas frecuentes. Además, los tiempos de carga, aunque se están reduciendo, aún no son tan rápidos como el repostaje de un vehículo de combustión interna. Las mejoras en la tecnología de baterías y la infraestructura de carga rápida son esenciales para abordar estas preocupaciones.

La producción de baterías de iones de litio requiere materiales como el litio, el cobalto y el níquel, que tienen implicaciones ambientales y de suministro. La minería de estos materiales puede tener impactos ambientales negativos, y la concentración de la producción en ciertos países plantea riesgos de suministro. El desarrollo de alternativas más sostenibles, como las baterías de estado sólido y el reciclaje de baterías, es crucial para mitigar estos problemas.

La adopción de VE también requiere un cambio de comportamiento por parte de los consumidores. Muchas personas están acostumbradas a los vehículos de combustión interna y pueden ser reacias a cambiar a una nueva tecnología. La educación y la concienciación sobre los beneficios de los VE, así como la demostración de su fiabilidad y conveniencia, son esenciales para fomentar la adopción.

El futuro de los vehículos eléctricos

A pesar de los desafíos, el futuro de los vehículos eléctricos (VE) parece prometedor. Con el continuo avance de la tecnología, las políticas favorables y el creciente interés de los consumidores, los VE están bien posicionados para desempeñar un papel central en la transformación del transporte.

La investigación y el desarrollo en el campo de las baterías y los motores eléctricos continúan avanzando. Las baterías de estado sólido, la carga inalámbrica y la integración de energías renovables son solo algunas de las áreas en las que se están realizando avances significativos. Estas innovaciones tienen el potencial de mejorar aún más el rendimiento, la autonomía y la conveniencia de los VE.

La combinación de VE con fuentes de energía renovable es una oportunidad clave para reducir aún más las emisiones del transporte. Los VE pueden ser cargados con electricidad generada por energía solar, eólica y otras fuentes renovables, creando un ciclo de energía limpio y sostenible. Además, los VE pueden desempeñar un papel en la estabilización de la red eléctrica, actuando como almacenamiento de energía distribuido y proporcionando servicios auxiliares a la red.

Los vehículos autónomos eléctricos tienen el potencial de transformar el transporte urbano y reducir la necesidad de propiedad de vehículos privados. Los servicios de transporte autónomo bajo demanda podrían proporcionar una alternativa conveniente y sostenible al uso del automóvil privado, reduciendo la congestión y las emisiones en las ciudades.

Los gobiernos seguirán desempeñando un papel crucial en la promoción de VE. Las políticas que fomentan la adopción de VE, la expansión de la infraestructura de carga y la integración de energías renovables son esenciales para acelerar la transición. Además, la cooperación internacional en la investigación y el desarrollo, así como en la estandarización de tecnologías y regulaciones, puede ayudar a superar barreras y promover la adopción global de VE.

La educación y la concienciación sobre los beneficios de los VE y el transporte sostenible en general son fundamentales para fomentar el cambio de comportamiento. Las campañas de concienciación pueden ayudar a los consumidores a comprender las ventajas de los VE en términos de costos operativos, impacto ambiental y experiencia de conducción. Además, la educación sobre la infraestructura de carga y las opciones de energía renovable puede aumentar la confianza en los VE.

Conclusión

La historia y evolución de los vehículos eléctricos es una narrativa de innovación, desafíos y oportunidades. Desde sus primeros días en el siglo XIX hasta el resurgimiento actual, los VE han recorrido un largo camino. Hoy en día, están en el centro de la transición hacia un transporte más sostenible y eficiente.

Los avances tecnológicos en baterías, motores eléctricos y sistemas de gestión de energía han sido fundamentales para el éxito de los VE. Sin embargo, la adopción masiva de VE requiere superar varios desafíos, incluidos los costos iniciales, la infraestructura de carga y el cambio de comportamiento de los consumidores.

A pesar de estos desafíos, el futuro de los VE es brillante. Con la continua innovación tecnológica, el apoyo de las políticas públicas y el creciente interés de los consumidores, los VE están bien posicionados para transformar el transporte y contribuir significativamente a la reducción de las emisiones de gases de efecto invernadero.

Este capítulo ha proporcionado una visión general de la historia, los avances tecnológicos y los desafíos de los VE. En los capítulos siguientes, exploraremos en profundidad las innovaciones en el transporte público y la movilidad compartida, las políticas públicas que están facilitando la transición y los estudios de caso que demuestran el impacto positivo de estas tecnologías en diferentes partes del mundo. A través de esta exploración, esperamos proporcionar una comprensión completa y convincente de cómo los vehículos eléctricos y las tecnologías de transporte sostenible pueden construir un futuro más limpio y equitativo para todos.

Capítulo 2: Innovaciones en el transporte público y movilidad

El transporte público y la movilidad compartida son componentes esenciales para la creación de un sistema de transporte sostenible y eficiente. Mientras que los vehículos eléctricos están transformando el transporte individual, el transporte público y las soluciones de movilidad compartida tienen el potencial de reducir significativamente la dependencia de los automóviles privados, disminuir la congestión urbana y mejorar la calidad del aire. Este capítulo explora las innovaciones en el transporte público y la movilidad compartida, analizando cómo estas tecnologías están evolucionando y su impacto en la sostenibilidad urbana.

Transporte público eléctrico: Autobuses y tranvías eléctricos

El transporte público eléctrico está experimentando un renacimiento a medida que las ciudades buscan reducir sus emisiones de carbono y mejorar la calidad del aire. Los autobuses y tranvías eléctricos son dos de las soluciones más prometedoras en este ámbito.

Los autobuses eléctricos están reemplazando rápidamente a los autobuses diésel en muchas ciudades del mundo. Estos vehículos ofrecen numerosas ventajas, como la reducción de emisiones, menores costos operativos y un funcionamiento más silencioso. Una de las ciudades pioneras en la adopción de autobuses eléctricos es Shenzhen, en China. En 2017, Shenzhen se convirtió en la primera ciudad del mundo en electrificar completamente su flota de autobuses, con más de 16,000 autobuses eléctricos en operación. Este cambio ha reducido significativamente las emisiones de CO_2 y mejorado la calidad del aire en la ciudad.

La tecnología de baterías para autobuses eléctricos ha avanzado considerablemente, con tiempos de carga más rápidos y mayor autonomía. Algunas empresas están desarrollando sistemas de carga rápida en terminales de autobuses, donde los vehículos pueden recargar sus baterías en cuestión de minutos durante las paradas programadas. Además, la tecnología de carga inductiva está siendo probada en varias ciudades, permitiendo que los autobuses se carguen sin cables mientras están en movimiento o detenidos en paradas específicas.

Los tranvías eléctricos, o tranvías ligeros, son otra forma de transporte público eléctrico que está ganando popularidad. Estos sistemas de tránsito rápido son eficientes en términos de energía y pueden transportar grandes cantidades de pasajeros a lo largo de rutas fijas. Ciudades como Melbourne, en Australia, y Viena, en Austria, tienen extensas redes de tranvías que forman la columna vertebral de sus sistemas de transporte público.

Los tranvías eléctricos no solo son más sostenibles que los vehículos de combustión interna, sino que también contribuyen a la revitalización urbana. Al eliminar la necesidad de carriles exclusivos para autobuses y reducir el tráfico de automóviles, los tranvías pueden ayudar a crear calles más transitables y agradables para peatones y ciclistas.

Movilidad compartida: Carsharing, bikesharing y ridesharing

Las soluciones de movilidad compartida están revolucionando la forma en que las personas se desplazan en las ciudades. Estas opciones permiten a los usuarios acceder a vehículos cuando los necesitan, sin los costos y responsabilidades asociados con la propiedad de un vehículo.

El carsharing, o uso compartido de automóviles, permite a las personas alquilar vehículos por cortos periodos de tiempo, generalmente por horas o minutos. Esta solución es ideal para quienes necesitan un automóvil ocasionalmente, pero no desean los costos y el mantenimiento asociados con la propiedad. Empresas como Zipcar, Car2Go y, más recientemente, plataformas de movilidad como Turo, han popularizado el carsharing en muchas ciudades del mundo. El carsharing puede reducir significativamente el número de vehículos en las calles, ya que un solo vehículo compartido puede reemplazar varios automóviles privados. Esto no solo disminuye la congestión y las emisiones, sino que también libera espacio público para otros usos, como parques y ciclovías.

El bikesharing, o uso compartido de bicicletas, es otra innovación que está transformando la movilidad urbana. Este sistema permite a los usuarios tomar prestadas bicicletas de estaciones distribuidas por la ciudad y devolverlas en cualquier otra estación. Ciudades como Ámsterdam, Copenhague y París han liderado la implementación de programas de bikesharing, promoviendo el uso de la bicicleta como una alternativa saludable y sostenible al automóvil. Las bicicletas eléctricas, o e-bikes, están añadiendo una nueva dimensión al bikesharing. Estas bicicletas asistidas por motor facilitan el desplazamiento en terrenos difíciles y largas distancias, haciendo que el uso de la bicicleta sea accesible para una mayor variedad de personas. Además, la integración de tecnologías inteligentes, como el GPS y las aplicaciones móviles, ha mejorado la facilidad de uso y la conveniencia del bikesharing.

El ridesharing, o uso compartido de viajes, permite a los usuarios compartir un viaje en automóvil con otras personas que se dirigen en la misma dirección. Plataformas como Uber y Lyft han popularizado el ridesharing, proporcionando una alternativa flexible y conveniente al uso del automóvil privado. El ridesharing puede reducir la cantidad de vehículos en las carreteras, disminuir la congestión y reducir las emisiones per cápita. El ridesharing también está evolucionando con la integración de vehículos autónomos. Empresas como Waymo y Cruise están desarrollando flotas de vehículos autónomos para servicios de ridesharing, lo que podría mejorar aún más la eficiencia y reducir los costos operativos. Además, la combinación de ridesharing y vehículos eléctricos puede maximizar los beneficios ambientales, creando un sistema de transporte más sostenible y eficiente.

Vehículos autónomos y su integración

Los vehículos autónomos, también conocidos como vehículos sin conductor o automóviles autodirigidos, representan una de las innovaciones más transformadoras en el sector del transporte. Estos vehículos utilizan una combinación de sensores, cámaras, radares y algoritmos de inteligencia artificial para navegar y operar sin intervención humana.

Los vehículos autónomos tienen el potencial de mejorar significativamente la seguridad vial, reducir la congestión y disminuir las emisiones. Al eliminar el error humano, que es responsable de la mayoría de los accidentes de tráfico, los vehículos autónomos pueden hacer que las carreteras sean más seguras. Además, los vehículos autónomos pueden comunicarse entre sí y con la infraestructura vial, optimizando el flujo de tráfico y reduciendo los tiempos de viaje.

La integración de vehículos autónomos con el transporte público puede transformar la movilidad urbana. Los vehículos autónomos pueden complementar los sistemas de transporte público existentes, proporcionando soluciones de "última milla" que conecten a los usuarios con estaciones de tren, metro y autobús. Esto puede mejorar la accesibilidad y la conveniencia del transporte público, incentivando a más personas a utilizarlo. Por ejemplo, varias ciudades están probando autobuses autónomos que operan en rutas fijas o en áreas específicas. Estos autobuses pueden operar de manera continua y eficiente, sin necesidad de descansos para los conductores. En Helsinki, Finlandia, se han realizado pruebas exitosas de autobuses autónomos en áreas residenciales y campus universitarios, demostrando su viabilidad como complemento del transporte público.

Los vehículos autónomos también están impulsando el desarrollo de servicios de movilidad bajo demanda. Empresas como Waymo están probando flotas de vehículos autónomos que pueden ser solicitados a través de aplicaciones móviles para proporcionar viajes bajo demanda. Estos servicios pueden reducir la necesidad de propiedad de vehículos privados y ofrecer una alternativa conveniente y sostenible al uso del automóvil.

Impacto de la movilidad compartida

La movilidad compartida ofrece numerosos beneficios ambientales y sociales, pero también enfrenta desafíos que deben ser abordados para maximizar su impacto positivo.

La movilidad compartida puede reducir significativamente las emisiones de gases de efecto invernadero y la contaminación del aire. Al reducir el número de vehículos en las carreteras, el carsharing y el ridesharing disminuyen la congestión y mejoran la eficiencia del transporte. Además, el bikesharing y el uso de vehículos eléctricos en servicios de movilidad compartida contribuyen a una reducción adicional de las emisiones.

La movilidad compartida también puede mejorar la accesibilidad y la equidad en el transporte. Al proporcionar opciones de transporte asequibles y flexibles, la movilidad compartida puede beneficiar a las comunidades de bajos ingresos y a las personas que no tienen acceso a un automóvil privado. Además, al reducir la necesidad de espacio para estacionamiento, la movilidad compartida puede liberar espacio urbano para otros usos, como parques, espacios públicos y vivienda.

A pesar de sus beneficios, la movilidad compartida enfrenta varios desafíos. Uno de los principales desafíos es la competencia con el transporte público tradicional. En algunas ciudades, el ridesharing ha llevado a una disminución en el uso del transporte público, lo que puede socavar los esfuerzos para reducir la congestión y las emisiones. Es importante encontrar un equilibrio entre la movilidad compartida y el transporte público para garantizar que ambas opciones se complementen mutuamente.

Otro desafío es la regulación y la seguridad. La rápida expansión de los servicios de movilidad compartida ha superado en muchos casos la capacidad de los reguladores para supervisar y garantizar la seguridad de estos servicios. Es esencial desarrollar marcos regulatorios que promuevan la seguridad, la equidad y la sostenibilidad de la movilidad compartida.

Políticas de las políticas en tecnologías sostenibles

Las políticas públicas desempeñan un papel crucial en la promoción de tecnologías de transporte sostenible. Los gobiernos pueden implementar una variedad de medidas para fomentar el uso de soluciones de movilidad compartida y transporte público eléctrico.

Los subsidios y los incentivos fiscales pueden hacer que las tecnologías sostenibles sean más asequibles para los consumidores y las empresas. Por ejemplo, algunos gobiernos ofrecen subsidios para la compra de vehículos y bicicletas eléctricos, así como incentivos fiscales para empresas de carsharing y bikesharing. Estos incentivos pueden reducir el costo total de propiedad y operación de las tecnologías sostenibles, aumentando su adopción.

Las regulaciones y normativas también son fundamentales para promover el transporte sostenible. Las zonas de bajas emisiones, que restringen el acceso de vehículos de alta emisión a áreas urbanas, pueden incentivar el uso de vehículos eléctricos y modos de transporte compartido. Además, las regulaciones que establecen estándares de emisiones para vehículos y flotas pueden obligar a las empresas de transporte a adoptar tecnologías más limpias.

Las inversiones en infraestructura son esenciales para apoyar la adopción de tecnologías sostenibles. Los gobiernos pueden financiar la construcción de estaciones de carga para vehículos eléctricos, carriles bici y redes de tranvías y autobuses eléctricos. Una infraestructura adecuada es fundamental para garantizar que las soluciones de transporte sostenible sean convenientes y accesibles para todos los usuarios.

Las colaboraciones entre el sector público y el privado pueden acelerar la implementación de soluciones de movilidad sostenible. Los gobiernos pueden trabajar con empresas de tecnología y transporte para desarrollar y probar nuevas soluciones, compartir datos y mejores prácticas, y financiar proyectos piloto. Estas colaboraciones pueden fomentar la innovación y la adopción de tecnologías sostenibles.

Para ilustrar cómo las innovaciones en el transporte público y la movilidad compartida están siendo implementadas y los impactos que están teniendo, examinemos varios estudios de caso de diferentes partes del mundo.

Shenzhen es un ejemplo destacado de la electrificación del transporte público. En 2017, Shenzhen electrificó completamente su flota de autobuses, convirtiéndose en la primera ciudad del mundo en hacerlo. La ciudad ahora opera más de 16,000 autobuses eléctricos, lo que ha reducido significativamente las emisiones de CO_2 y mejorado la calidad del aire. La transición fue posible gracias a una combinación de subsidios gubernamentales, inversiones en infraestructura de carga y colaboración con fabricantes de autobuses eléctricos.

Copenhague es conocida por su cultura ciclista y sus innovaciones en bikesharing. La ciudad ha implementado un sistema de bikesharing que incluye bicicletas eléctricas, lo que facilita el desplazamiento en terrenos difíciles y largas distancias. La integración de bicicletas eléctricas ha aumentado la accesibilidad del bikesharing, atrayendo a una mayor diversidad de usuarios. Además, Copenhague ha invertido en una extensa red de carriles bici y ha promovido políticas que fomentan el uso de la bicicleta como medio de transporte principal.

Helsinki ha sido pionera en la implementación de autobuses autónomos y servicios de movilidad bajo demanda. La ciudad ha realizado pruebas exitosas de autobuses autónomos en áreas residenciales y campus universitarios, demostrando su viabilidad como complemento del transporte público. Además, Helsinki ha lanzado un servicio de movilidad bajo demanda llamado "Whim", que integra diferentes modos de transporte, incluidos autobuses, bicicletas compartidas, taxis y vehículos de ridesharing, en una sola aplicación. Este enfoque integral facilita la planificación de viajes y mejora la accesibilidad del transporte sostenible.

Bogotá es un ejemplo notable de cómo un sistema de tránsito rápido en autobús (BRT) puede transformar la movilidad urbana. El sistema TransMilenio, lanzado en el año 2000, ha mejorado significativamente la eficiencia del transporte público en la ciudad. TransMilenio utiliza carriles exclusivos para autobuses y estaciones de embarque elevadas, lo que reduce los tiempos de viaje y mejora la puntualidad. Este sistema ha aliviado la congestión, reducido las emisiones y proporcionado una alternativa viable al uso del automóvil privado.

París ha sido una de las ciudades líderes en la implementación de bikesharing a gran escala. El programa Vélib', lanzado en 2007, ha sido un éxito rotundo, con miles de bicicletas disponibles en estaciones distribuidas por toda la ciudad. Vélib' ha fomentado el uso de la bicicleta como medio de transporte cotidiano, reduciendo la dependencia del automóvil y mejorando la calidad del aire. Además, París ha invertido en infraestructura ciclista, incluyendo carriles bici protegidos y estacionamientos seguros, para apoyar el crecimiento del bikesharing.

Estocolmo ha implementado una zona de bajas emisiones en su centro urbano, restringiendo el acceso de vehículos de alta emisión y promoviendo el uso de vehículos eléctricos y soluciones de movilidad compartida. La ciudad ha visto una reducción significativa en las emisiones y una mejora en la calidad del aire. Además, Estocolmo ha promovido el carsharing y el ridesharing como alternativas al uso del automóvil privado, lo que ha contribuido a disminuir la congestión y mejorar la eficiencia del transporte.

Perspectivas futuras: Innovaciones y tendencias emergentes

El futuro del transporte público y la movilidad compartida está lleno de oportunidades y desafíos. A medida que las tecnologías continúan evolucionando y las ciudades adoptan enfoques más integrados y sostenibles, podemos esperar ver una serie de innovaciones y tendencias emergentes.

El hidrógeno está emergiendo como una alternativa viable a las baterías eléctricas para ciertos tipos de transporte público, especialmente para vehículos pesados como autobuses y camiones. Los vehículos de hidrógeno generan electricidad a través de una reacción química entre el hidrógeno y el oxígeno, emitiendo solo agua como subproducto. El hidrógeno ofrece una mayor autonomía y tiempos de recarga más rápidos en comparación con las baterías eléctricas, lo que lo convierte en una opción atractiva para rutas largas y operaciones intensivas.

La integración de energías renovables en el transporte público y la movilidad compartida es una tendencia creciente. Los vehículos eléctricos pueden ser cargados con electricidad generada por energía solar, eólica y otras fuentes renovables, creando un ciclo de energía limpio y sostenible. Además, las estaciones de carga pueden ser equipadas con paneles solares y sistemas de almacenamiento de energía, mejorando la resiliencia y la sostenibilidad del sistema de transporte.

Los vehículos autónomos tienen el potencial de transformar el transporte público y la movilidad compartida. Los servicios de transporte autónomo bajo demanda pueden proporcionar una alternativa conveniente y sostenible al uso del automóvil privado, reduciendo la congestión y las emisiones. Además, los autobuses y tranvías autónomos pueden mejorar la eficiencia y la puntualidad del transporte público, proporcionando una experiencia de viaje más confiable y accesible.

La movilidad como servicio (MaaS) es un enfoque integrado que combina diferentes modos de transporte en una sola plataforma, permitiendo a los usuarios planificar, reservar y pagar por viajes utilizando una sola aplicación. MaaS facilita la planificación de viajes y mejora la accesibilidad del transporte sostenible, incentivando a más personas a utilizar soluciones de movilidad compartida y transporte público. Este enfoque tiene el potencial de transformar la forma en que las personas se desplazan, haciendo que el transporte sea más eficiente, conveniente y sostenible.

La infraestructura inteligente, equipada con sensores y tecnologías de comunicación, puede mejorar la eficiencia y la sostenibilidad del transporte público y la movilidad compartida. Las redes de transporte inteligentes pueden optimizar el flujo de tráfico, mejorar la puntualidad del transporte público y proporcionar información en tiempo real a los usuarios. Además, la infraestructura inteligente puede facilitar la integración de vehículos autónomos y tecnologías de carga inalámbrica, mejorando la conveniencia y accesibilidad del transporte sostenible.

Conclusión

El transporte público y la movilidad compartida son elementos clave en la transición hacia un sistema de transporte más sostenible y eficiente. Las innovaciones en autobuses y tranvías eléctricos, así como en soluciones de movilidad compartida como el carsharing, el bikesharing y el ridesharing, están transformando la forma en que las personas se desplazan en las ciudades.

Las políticas públicas, las inversiones en infraestructura y las colaboraciones público-privadas son esenciales para apoyar la adopción de estas tecnologías y maximizar su impacto positivo. Los estudios de caso de todo el mundo demuestran que, con la combinación adecuada de políticas, tecnología y voluntad política, es posible lograr un cambio significativo.

El futuro del transporte público y la movilidad compartida está lleno de oportunidades. Las innovaciones tecnológicas, como los vehículos autónomos, el hidrógeno como combustible y la movilidad como servicio, tienen el potencial de transformar la movilidad urbana y crear un sistema de transporte más limpio, eficiente y equitativo.

Este capítulo ha explorado las innovaciones en el transporte público y la movilidad compartida, proporcionando una visión general de su impacto y potencial. En los capítulos siguientes, continuaremos explorando las políticas públicas que están facilitando la transición y los estudios de caso que demuestran el impacto positivo de estas tecnologías en diferentes partes del mundo. A través de esta exploración, esperamos proporcionar una comprensión completa y convincente de cómo el transporte público y la movilidad compartida pueden contribuir a un futuro más sostenible y equitativo para todos.

Capítulo 3: Impacto de las políticas en tecnologías sostenibles

Las políticas públicas son un componente esencial en la promoción de tecnologías de transporte sostenible y la facilitación de la transición hacia un sistema de transporte más eficiente y ecológico. A través de una combinación de incentivos económicos, regulaciones, inversiones en infraestructura y colaboraciones público-privadas, los gobiernos pueden crear un entorno favorable para la adopción de vehículos eléctricos (VE), transporte público eléctrico y soluciones de movilidad compartida. Este capítulo explora las diversas políticas públicas implementadas en diferentes partes del mundo, analizando su impacto en la adopción de tecnologías sostenibles y proporcionando ejemplos de éxito.

Subsidios e incentivos económicos

El futuro del transporte público y la movilidad compartida está lleno de oportunidades y desafíos. A medida que las tecnologías continúan evolucionando y las ciudades adoptan enfoques más integrados y sostenibles, podemos esperar ver una serie de innovaciones y tendencias emergentes.

El hidrógeno está emergiendo como una alternativa viable a las baterías eléctricas para ciertos tipos de transporte público, especialmente para vehículos pesados como autobuses y camiones. Los vehículos de hidrógeno generan electricidad a través de una reacción química entre el hidrógeno y el oxígeno, emitiendo solo agua como subproducto. El hidrógeno ofrece una mayor autonomía y tiempos de recarga más rápidos en comparación con las baterías eléctricas, lo que lo convierte en una opción atractiva para rutas largas y operaciones intensivas.

La integración de energías renovables en el transporte público y la movilidad compartida es una tendencia creciente. Los vehículos eléctricos pueden ser cargados con electricidad generada por energía solar, eólica y otras fuentes renovables, creando un ciclo de energía limpio y sostenible. Además, las estaciones de carga pueden ser equipadas con paneles solares y sistemas de almacenamiento de energía, mejorando la resiliencia y la sostenibilidad del sistema de transporte.

Los vehículos autónomos tienen el potencial de transformar el transporte público y la movilidad compartida. Los servicios de transporte autónomo bajo demanda pueden proporcionar una alternativa conveniente y sostenible al uso del automóvil privado, reduciendo la congestión y las emisiones. Además, los autobuses y tranvías autónomos pueden mejorar la eficiencia y la puntualidad del transporte público, proporcionando una experiencia de viaje más confiable y accesible.

La movilidad como servicio (MaaS) es un enfoque integrado que combina diferentes modos de transporte en una sola plataforma, permitiendo a los usuarios planificar, reservar y pagar por viajes utilizando una sola aplicación. MaaS facilita la planificación de viajes y mejora la accesibilidad del transporte sostenible, incentivando a más personas a utilizar soluciones de movilidad compartida y transporte público. Este enfoque tiene el potencial de transformar la forma en que las personas se desplazan, haciendo que el transporte sea más eficiente, conveniente y sostenible.

La infraestructura inteligente, equipada con sensores y tecnologías de comunicación, puede mejorar la eficiencia y la sostenibilidad del transporte público y la movilidad compartida. Las redes de transporte inteligentes pueden optimizar el flujo de tráfico, mejorar la puntualidad del transporte público y proporcionar información en tiempo real a los usuarios. Además, la infraestructura inteligente puede facilitar la integración de vehículos autónomos y tecnologías de carga inalámbrica, mejorando la conveniencia y accesibilidad del transporte sostenible.

Regulaciones y normativas

Las regulaciones y normativas pueden establecer estándares y requisitos que promuevan el uso de tecnologías sostenibles y desincentiven el uso de tecnologías contaminantes. Estas políticas juegan un papel crucial en la transición hacia una movilidad más limpia y eficiente, asegurando que tanto los fabricantes como los consumidores adopten prácticas más sostenibles.

Las Zonas de Bajas Emisiones (ZBE) son áreas en las que se restringe el acceso de vehículos de alta emisión para reducir la contaminación del aire. Estas zonas obligan a los conductores a utilizar vehículos de bajas emisiones, como vehículos eléctricos (VE) y vehículos híbridos, si desean ingresar a estas áreas. Londres, por ejemplo, implementó una ZBE en 2019 que cobra una tarifa diaria a los vehículos que no cumplen con los estándares de emisiones. Esta medida ha llevado a una reducción significativa en los niveles de contaminación del aire y ha incentivado a los conductores a cambiar a vehículos más limpios. La implementación de ZBE no solo mejora la calidad del aire, sino que también fomenta un cambio hacia tecnologías de transporte más sostenibles en las zonas urbanas más congestionadas y afectadas por la contaminación.

Los gobiernos pueden establecer estándares de emisiones para los vehículos nuevos que se venden en su jurisdicción. Estos estándares pueden exigir reducciones progresivas en las emisiones de CO_2 y otros contaminantes, incentivando a los fabricantes a desarrollar y comercializar vehículos más limpios. La Unión Europea, por ejemplo, ha establecido objetivos ambiciosos de reducción de emisiones para los fabricantes de automóviles, con multas significativas para aquellos que no cumplan con los objetivos. Esta estrategia ha llevado a una mayor innovación en el diseño de vehículos y la implementación de tecnologías más avanzadas para reducir las emisiones.

Las regulaciones también pueden dirigirse a las flotas comerciales, como los taxis y los vehículos de entrega. Por ejemplo, algunas ciudades han implementado requisitos para que las flotas de taxis y vehículos de reparto sean completamente eléctricas para una fecha determinada. En

Ámsterdam, se espera que todos los taxis y vehículos de reparto en el centro de la ciudad sean eléctricos para 2025. Estas normativas no solo reducen las emisiones de estas flotas, sino que también sirven como un ejemplo para otras ciudades y sectores, mostrando los beneficios de la transición hacia vehículos eléctricos.

Los gobiernos pueden establecer estándares de eficiencia energética para los edificios, que incluyan requisitos para la instalación de estaciones de carga para VE. En California, el Código de Construcción Verde exige que los nuevos edificios residenciales y comerciales estén equipados con infraestructura para la carga de VE, facilitando la adopción de vehículos eléctricos por parte de los residentes y empleados. Este tipo de normativa asegura que la infraestructura de carga crezca en paralelo con la adopción de vehículos eléctricos, eliminando una de las barreras más significativas para la expansión de los VE.

Además de estas normativas específicas, las políticas públicas pueden incluir incentivos fiscales y subsidios directos para la compra de vehículos y bicicletas eléctricos. Por ejemplo, algunos gobiernos ofrecen subsidios que reducen significativamente el costo inicial de estos vehículos, haciendo que sean más asequibles para los consumidores. Estos incentivos pueden reducir el costo total de propiedad y operación de las tecnologías sostenibles, aumentando su adopción y acelerando la transición hacia un transporte más limpio.

Otro aspecto importante es la inversión en infraestructura pública y privada para apoyar estas tecnologías. Los gobiernos pueden financiar la construcción de estaciones de carga rápida para vehículos eléctricos, así como la expansión de carriles bici y redes de tranvías y autobuses eléctricos. Una infraestructura adecuada es fundamental para garantizar que las soluciones de transporte sostenible sean convenientes y accesibles para todos los usuarios, promoviendo su adopción generalizada.

Las colaboraciones entre el sector público y el privado también pueden acelerar la implementación de soluciones de movilidad sostenible. Los gobiernos pueden trabajar con empresas de tecnología y transporte para desarrollar y probar nuevas soluciones, compartir datos y mejores prácticas, y financiar proyectos piloto. Estas colaboraciones pueden fomentar la innovación y la adopción de tecnologías sostenibles, aprovechando los recursos y conocimientos de ambos sectores para alcanzar objetivos comunes.

Ejemplos de estos enfoques se pueden encontrar en varias ciudades alrededor del mundo. Shenzhen, en China, ha logrado electrificar completamente su flota de autobuses gracias a una combinación de subsidios gubernamentales, inversiones en infraestructura de carga y colaboración con fabricantes de autobuses eléctricos. Copenhague, Dinamarca, ha implementado un sistema de bikesharing que incluye bicicletas eléctricas, facilitando el desplazamiento en terrenos difíciles y largas distancias, y ha promovido políticas que fomentan el uso de la bicicleta como medio de transporte principal. Helsinki, Finlandia, ha sido pionera en la implementación de autobuses autónomos y servicios de movilidad bajo demanda, integrando diferentes modos de transporte en una sola aplicación para mejorar la accesibilidad del transporte sostenible.

Bogotá, Colombia, ha transformado la movilidad urbana con su sistema de tránsito rápido en autobús (BRT) TransMilenio, que utiliza carriles exclusivos para autobuses y estaciones de embarque elevadas para mejorar la eficiencia del transporte público. París, Francia, ha liderado la implementación de bikesharing con su programa Vélib', que ha reducido la dependencia del automóvil y mejorado la calidad del aire, apoyado por una infraestructura ciclista robusta. Estocolmo, Suecia, ha implementado una zona de bajas emisiones y promovido el carsharing y el ridesharing, contribuyendo a disminuir la congestión y mejorar la eficiencia del transporte.

Las regulaciones y normativas, junto con las inversiones en infraestructura y las colaboraciones público-privadas, son esenciales para promover el uso de tecnologías sostenibles y desincentivar el uso de tecnologías contaminantes. A través de políticas bien diseñadas y la implementación de innovaciones tecnológicas, es posible avanzar hacia un futuro de movilidad más limpio, eficiente y accesible para todos.

Inversiones en infraestructura

La infraestructura adecuada es esencial para el éxito de las tecnologías sostenibles. Los gobiernos pueden jugar un papel crucial en la financiación y el desarrollo de la infraestructura necesaria para apoyar la adopción de vehículos eléctricos (VE), transporte público eléctrico y soluciones de movilidad compartida.

Una red robusta de estaciones de carga es fundamental para la adopción de VE. Los gobiernos pueden financiar la construcción de estaciones de carga públicas y privadas, así como la infraestructura de carga rápida en carreteras y áreas urbanas. Noruega, líder mundial en la adopción de VE, ha invertido significativamente en estaciones de carga rápida, asegurando que los conductores de VE puedan recargar sus vehículos de manera conveniente. Estas inversiones no solo aumentan la confianza de los consumidores en la viabilidad de los VE, sino que también reducen una de las barreras más significativas para su adopción masiva.

La electrificación del transporte público requiere inversiones en infraestructura, como estaciones de carga para autobuses eléctricos y líneas de tranvía. En China, el gobierno ha financiado la construcción de estaciones de carga para autobuses eléctricos en ciudades de todo el país, facilitando la transición a flotas de autobuses eléctricos. Esta infraestructura es crucial para asegurar que los autobuses eléctricos puedan operar de manera eficiente y continua, reduciendo las emisiones y mejorando la calidad del aire en las áreas urbanas.

Las inversiones en carriles bici y redes de tranvías pueden promover el uso de modos de transporte sostenibles. Ciudades como Copenhague y Ámsterdam han invertido en extensas redes de carriles bici protegidos, lo que ha llevado a un aumento significativo en el uso de la bicicleta. Estas inversiones no solo mejoran la seguridad de los ciclistas, sino que también fomentan un estilo de vida más saludable y reducen la congestión del tráfico. Además, las inversiones en redes de tranvías pueden mejorar la eficiencia y la accesibilidad del transporte público, reduciendo la dependencia del automóvil privado y ofreciendo una alternativa viable y sostenible para los desplazamientos diarios.

La infraestructura para la movilidad compartida, como estaciones de bikesharing y zonas de estacionamiento para carsharing, también es importante. Los gobiernos pueden proporcionar fondos para la instalación de estaciones de bikesharing y trabajar con empresas de carsharing para desarrollar áreas de estacionamiento dedicadas. En París, el gobierno ha apoyado la expansión del programa de bikesharing Vélib' y ha trabajado con empresas de carsharing para facilitar el estacionamiento de vehículos compartidos. Estas iniciativas no solo hacen que las opciones de movilidad compartida sean más accesibles, sino que también ayudan a reducir la congestión del tráfico y las emisiones, promoviendo una movilidad urbana más eficiente y sostenible.

La inversión en infraestructura es crucial para apoyar la adopción de tecnologías de transporte sostenible. Los gobiernos tienen un papel fundamental en la financiación y desarrollo de esta infraestructura, asegurando que las soluciones de movilidad sostenible sean convenientes y accesibles para todos los usuarios. Mediante la creación de una red adecuada de estaciones de carga para VE, la electrificación del transporte público, la construcción de carriles bici y redes de tranvías, y el apoyo a la infraestructura de movilidad compartida, es posible promover un futuro de transporte más limpio, eficiente y sostenible.

Colaboraciones público-privadas

Las colaboraciones entre el sector público y el privado pueden acelerar la implementación de soluciones de movilidad sostenible y fomentar la innovación. Estas alianzas son cruciales para desarrollar la infraestructura y las tecnologías necesarias para una movilidad más limpia y eficiente.

Las colaboraciones público-privadas pueden ser efectivas en el desarrollo de estaciones de carga para vehículos eléctricos (VE). Los gobiernos pueden trabajar con empresas de energía y fabricantes de vehículos para financiar y construir estaciones de carga. Tesla, por ejemplo, ha colaborado con gobiernos locales y empresas de energía para desarrollar su red de supercargadores en todo el mundo. Estas alianzas no solo facilitan la expansión de la infraestructura de carga, sino que también aseguran que los VE tengan acceso a puntos de recarga confiables y convenientes, lo que es esencial para fomentar la adopción masiva de estos vehículos.

Las colaboraciones público-privadas también pueden facilitar proyectos piloto y pruebas de tecnología. En Helsinki, Finlandia, la ciudad ha trabajado con empresas de tecnología y transporte para probar autobuses autónomos en áreas residenciales y campus universitarios. Estas pruebas han proporcionado datos valiosos sobre la viabilidad de los autobuses autónomos y han ayudado a mejorar la tecnología. Al realizar estos proyectos piloto, las ciudades pueden evaluar el rendimiento y la aceptación de nuevas tecnologías en un entorno controlado antes de implementarlas a mayor escala.

El desarrollo de infraestructura inteligente, equipada con sensores y tecnologías de comunicación, puede mejorar la eficiencia y la sostenibilidad del transporte. Los gobiernos pueden trabajar con empresas de tecnología para desarrollar y probar infraestructura inteligente, como redes de transporte inteligentes y sistemas de gestión del tráfico. En Singapur, el gobierno ha colaborado con empresas de tecnología para desarrollar una red de transporte inteligente que optimiza el flujo de tráfico y mejora la puntualidad del transporte público. Esta infraestructura inteligente permite una gestión más eficiente del tráfico, reduce la congestión y mejora la experiencia de los usuarios del transporte público.

Las colaboraciones público-privadas pueden facilitar la financiación de proyectos de movilidad compartida. Los gobiernos pueden proporcionar fondos iniciales y trabajar con empresas de movilidad compartida para desarrollar programas de carsharing y bikesharing. En Washington D.C., el gobierno ha trabajado con empresas de bikesharing para financiar y expandir el programa Capital Bikeshare, que ha sido un gran éxito. Estas iniciativas no solo promueven la movilidad compartida, sino que también reducen la necesidad de propiedad de vehículos privados, disminuyen la congestión del tráfico y mejoran la calidad del aire urbano.

Las colaboraciones entre el sector público y el privado son esenciales para acelerar la implementación de soluciones de movilidad sostenible. Mediante el desarrollo conjunto de estaciones de carga para VE, la realización de proyectos piloto y pruebas de tecnología, la creación de infraestructura inteligente y la financiación de proyectos de movilidad compartida, es posible fomentar la innovación y promover un futuro de transporte más limpio y eficiente. Estas alianzas aprovechan los recursos y conocimientos de ambos sectores para alcanzar objetivos comunes, beneficiando tanto a los ciudadanos como al medio ambiente.

Impacto de políticas públicas en las tecnologías sostenibles

Para ilustrar cómo las políticas públicas pueden facilitar la adopción de tecnologías sostenibles, examinemos varios estudios de caso de diferentes partes del mundo.

Noruega es un líder mundial en la adopción de vehículos eléctricos (VE), gracias a una serie de incentivos gubernamentales. Los compradores de VE en Noruega están exentos del impuesto de compra y del IVA, lo que puede reducir el precio de un VE en hasta un 25%. Además, los VE están exentos de peajes, tarifas de estacionamiento y peajes en carreteras, lo que hace que su uso sea más económico. Estas políticas han llevado a que más de la mitad de los automóviles nuevos vendidos en Noruega sean eléctricos. Esta estrategia ha creado un entorno favorable para la adopción masiva de VE, transformando el mercado automotriz del país.

China ha realizado grandes avances en la electrificación del transporte público, especialmente en los autobuses eléctricos. El gobierno chino ha proporcionado generosos subsidios a las empresas de autobuses para fomentar la transición a vehículos eléctricos. Además, las ciudades chinas han implementado regulaciones que exigen la electrificación de las flotas de autobuses. En Shenzhen, estos subsidios y regulaciones han llevado a la electrificación completa de la flota de autobuses de la ciudad. Esta iniciativa no solo ha reducido las emisiones de CO_2, sino que también ha mejorado significativamente la calidad del aire en las zonas urbanas.

Londres implementó una Zona de Bajas Emisiones (ZBE) en 2019, que cobra una tarifa diaria a los vehículos que no cumplen con los estándares de emisiones. Esta medida ha llevado a una reducción significativa en los niveles de contaminación del aire y ha incentivado a los conductores a cambiar a vehículos más limpios. Además, el gobierno de Londres ha invertido en infraestructura de carga para VE y en la electrificación del transporte público. Estas inversiones han creado un entorno urbano más saludable y han fomentado la adopción de tecnologías de transporte más limpias.

California es un ejemplo destacado de cómo las normativas y los subsidios pueden promover la adopción de tecnologías sostenibles. El estado ha establecido estándares estrictos de eficiencia energética para los edificios, que incluyen requisitos para la instalación de estaciones de carga para VE. Además, California ofrece subsidios y créditos fiscales para la compra de VE y la instalación de infraestructura de carga. Estas políticas han llevado a un aumento significativo en la adopción de VE y el desarrollo de infraestructura de carga en el estado. Las normativas de eficiencia energética también aseguran que los nuevos edificios sean sostenibles y preparados para el futuro de la movilidad eléctrica.

Copenhague ha invertido significativamente en infraestructura ciclista, incluida una extensa red de carriles bici protegidos. La ciudad también ha implementado un exitoso programa de bikesharing que incluye bicicletas eléctricas. Estas inversiones han llevado a un aumento significativo en el uso de la bicicleta como medio de transporte, reduciendo la dependencia del automóvil y mejorando la calidad del aire. La infraestructura ciclista segura y accesible ha convertido a Copenhague en un modelo a seguir para otras ciudades que buscan promover la movilidad sostenible y reducir las emisiones urbanas.

Estos ejemplos demuestran cómo las políticas públicas pueden jugar un papel crucial en la promoción de tecnologías sostenibles. Desde incentivos financieros hasta regulaciones estrictas y la inversión en infraestructura, los gobiernos tienen diversas herramientas a su disposición para fomentar la adopción de tecnologías limpias y mejorar la sostenibilidad de los sistemas de transporte. Al implementar estas políticas, las ciudades y los países pueden avanzar hacia un futuro más limpio, eficiente y sostenible.

Desafíos y lecciones aprendidas

A pesar del éxito de muchas políticas públicas, la promoción de tecnologías sostenibles enfrenta varios desafíos que deben ser abordados para asegurar su adopción y eficacia a largo plazo.

El costo inicial de las tecnologías sostenibles puede ser una barrera significativa para su adopción. Los vehículos eléctricos (VE), por ejemplo, suelen tener un precio inicial más alto en comparación con los vehículos de combustión interna. Los gobiernos deben encontrar formas de financiar subsidios y desarrollos de infraestructura sin comprometer otros servicios públicos esenciales. Las colaboraciones público-privadas pueden ser una solución efectiva, donde las empresas privadas invierten en la infraestructura necesaria a cambio de incentivos fiscales o subsidios. Además, los mecanismos de financiamiento innovadores, como los bonos verdes, pueden proporcionar los fondos necesarios para apoyar estos desarrollos. Estos bonos permiten a los inversores financiar proyectos de sostenibilidad, proporcionando un flujo de capital que puede ser dirigido hacia la construcción de estaciones de carga para VE, la electrificación del transporte público y otras iniciativas similares.

La aceptación pública y el cambio de comportamiento son esenciales para el éxito de las políticas de movilidad sostenible. Aunque las tecnologías pueden estar disponibles y ser accesibles, su adopción depende en gran medida de la disposición de las personas a cambiar sus hábitos y adoptar nuevas prácticas. Las campañas de concienciación y educación pueden desempeñar un papel crucial en este aspecto, ayudando a los consumidores a comprender los beneficios de las tecnologías sostenibles, tanto en términos de ahorro a largo plazo como de impacto ambiental. Además, es vital que las políticas sean inclusivas y equitativas, asegurando que todos los segmentos de la población, incluidos los más desfavorecidos, puedan beneficiarse de estas tecnologías. Esto puede implicar subsidios dirigidos, programas de financiamiento accesibles y la consideración de las necesidades específicas de diversas comunidades.

El desarrollo y mantenimiento de infraestructura para tecnologías sostenibles requieren inversiones significativas y una planificación a largo plazo. No basta con instalar estaciones de carga para VE o construir carriles bici; estas infraestructuras deben ser mantenidas y actualizadas regularmente para asegurar su funcionalidad y resiliencia. Los gobiernos deben asegurar que la infraestructura sea adecuada y resiliente, adaptándose a las necesidades cambiantes y soportando el uso intensivo. La planificación urbana integrada y la coordinación entre diferentes niveles de gobierno son cruciales para el éxito de estas iniciativas. Esto implica una visión coherente y colaborativa que considere el crecimiento urbano, la sostenibilidad y la conectividad de las infraestructuras.

Las regulaciones y la estandarización son esenciales para asegurar la interoperabilidad y la seguridad de las tecnologías sostenibles. Sin estándares claros, puede haber confusión y dificultades para los consumidores, así como desafíos técnicos para los proveedores. Los gobiernos deben trabajar estrechamente con la industria y los organismos internacionales para desarrollar y adoptar estándares y regulaciones que promuevan la adopción de tecnologías sostenibles. Por ejemplo, la estandarización de las estaciones de carga para VE es crucial para facilitar su uso por parte de los consumidores, asegurando que cualquier vehículo eléctrico pueda cargarse en cualquier estación disponible. Además, las regulaciones deben garantizar que estas tecnologías sean seguras y eficientes, protegiendo tanto a los usuarios como al medio ambiente.

Aunque los desafíos son significativos, también lo son las oportunidades para avanzar hacia un futuro de movilidad más sostenible. Con un enfoque estratégico y colaborativo, es posible superar las barreras y fomentar la adopción de tecnologías sostenibles, asegurando beneficios ambientales, económicos y sociales para todos.

Innovaciones y tendencias en políticas públicas

El futuro de las políticas públicas para la movilidad sostenible está lleno de oportunidades y desafíos. A medida que las tecnologías continúan evolucionando y las ciudades adoptan enfoques más integrados y sostenibles, podemos esperar ver una serie de innovaciones y tendencias emergentes que transformarán la manera en que nos movemos.

La movilidad como servicio (MaaS) es un enfoque integrado que combina diferentes modos de transporte en una sola plataforma, permitiendo a los usuarios planificar, reservar y pagar por viajes utilizando una sola aplicación. Los gobiernos pueden apoyar el desarrollo de MaaS trabajando con empresas de tecnología y transporte para desarrollar plataformas integradas y proporcionar incentivos para su uso. MaaS tiene el potencial de transformar la forma en que las personas se desplazan, haciendo que el transporte sea más eficiente, conveniente y sostenible. Imagina un futuro en el que puedas utilizar una sola aplicación para alquilar una bicicleta, reservar un coche compartido y pagar por un billete de tren, todo en una sola transacción. Este nivel de integración puede reducir la dependencia del automóvil privado, aliviar la congestión del tráfico y disminuir las emisiones.

Los gobiernos pueden desarrollar políticas que promuevan la integración de energías renovables en el transporte. Esto puede incluir incentivos para el uso de electricidad generada por energía solar y eólica para cargar vehículos eléctricos (VE), así como la instalación de paneles solares en estaciones de carga y terminales de autobuses.

La integración de energías renovables puede crear un ciclo de energía limpio y sostenible, reduciendo aún más las emisiones del transporte. Por ejemplo, las estaciones de carga para VE equipadas con paneles solares no solo proporcionarían energía limpia para los vehículos, sino que también podrían almacenar energía en baterías para su uso durante los picos de demanda, mejorando la resiliencia energética de la red.

El desarrollo de infraestructura inteligente, equipada con sensores y tecnologías de comunicación, puede mejorar la eficiencia y la sostenibilidad del transporte. Los gobiernos pueden apoyar el desarrollo de redes de transporte inteligentes, sistemas de gestión del tráfico y estaciones de carga inteligentes. Estas tecnologías pueden optimizar el flujo de tráfico, mejorar la puntualidad del transporte público y proporcionar información en tiempo real a los usuarios. Imagínate un sistema de transporte público donde los autobuses y trenes se coordinan perfectamente con las condiciones del tráfico y los horarios de los pasajeros, minimizando los tiempos de espera y maximizando la eficiencia del sistema.

Los gobiernos pueden explorar mecanismos de financiamiento innovadores, como los bonos verdes y las asociaciones público-privadas, para financiar el desarrollo de tecnologías sostenibles y la infraestructura necesaria.

Los bonos verdes, que se utilizan para financiar proyectos ambientales y sostenibles, pueden proporcionar una fuente de financiamiento a largo plazo para iniciativas de movilidad sostenible. Este tipo de financiamiento permite que las ciudades inviertan en proyectos a gran escala, como la expansión de redes de transporte público eléctrico o la construcción de ciclovías protegidas, sin depender exclusivamente del presupuesto público.

Las políticas de economía circular pueden promover la reutilización y el reciclaje de materiales en el sector del transporte. Los gobiernos pueden desarrollar regulaciones que exijan la recuperación y el reciclaje de baterías de VE, así como la reutilización de materiales en la fabricación de vehículos. La economía circular puede reducir la demanda de recursos naturales y minimizar los impactos ambientales de la producción y el desecho de vehículos. Por ejemplo, las baterías de VE que han alcanzado el final de su vida útil en los automóviles pueden ser recicladas o reutilizadas en aplicaciones de almacenamiento de energía, prolongando su vida útil y reduciendo la necesidad de extraer nuevos materiales.

El futuro de las políticas públicas para la movilidad sostenible promete ser dinámico y transformador. La implementación de MaaS, la integración de energías renovables, el desarrollo de infraestructura inteligente, el financiamiento innovador y las regulaciones de economía circular son solo algunas de las estrategias que pueden ayudar a crear sistemas de transporte más eficientes, sostenibles y equitativos. Al adoptar estas políticas y fomentar la colaboración entre el sector público y privado, los gobiernos pueden liderar el camino hacia un futuro de movilidad más limpio y eficiente.

Conclusión

Las políticas públicas son un componente esencial en la promoción de tecnologías de transporte sostenible y la facilitación de la transición hacia un sistema de transporte más eficiente y ecológico. A través de una combinación de subsidios, incentivos fiscales, regulaciones, inversiones en infraestructura y colaboraciones público-privadas, los gobiernos pueden crear un entorno favorable para la adopción de VE, transporte público eléctrico y soluciones de movilidad compartida.

Los estudios de caso de diferentes partes del mundo demuestran que, con la combinación adecuada de políticas, tecnología y voluntad política, es posible lograr un cambio significativo. Sin embargo, la promoción de tecnologías sostenibles enfrenta varios desafíos, como el costo inicial, la aceptación pública y el desarrollo de infraestructura. A medida que las tecnologías continúan evolucionando y las ciudades adoptan enfoques más integrados y sostenibles, podemos esperar ver una serie de innovaciones y tendencias emergentes en las políticas públicas.

Este capítulo ha explorado las políticas públicas y su impacto en la adopción de tecnologías sostenibles, proporcionando ejemplos de éxito y lecciones aprendidas. En los capítulos siguientes, continuaremos explorando los estudios de caso que demuestran el impacto positivo de estas tecnologías en diferentes partes del mundo. A través de esta exploración, esperamos proporcionar una comprensión completa y convincente de cómo las políticas públicas pueden contribuir a un futuro más sostenible y equitativo para todos.

Capítulo 4: Estudios de caso y perspectivas futuras

El impacto de las políticas públicas, las innovaciones tecnológicas y las soluciones de movilidad sostenible puede observarse claramente en diversos estudios de caso de todo el mundo. Estos ejemplos destacan las estrategias exitosas, los desafíos superados y las lecciones aprendidas en la transición hacia un transporte más sostenible. Además, las perspectivas futuras ofrecen una visión de las tendencias emergentes y las oportunidades para continuar avanzando en la movilidad sostenible. Este capítulo presenta una serie de estudios de caso de diferentes ciudades y regiones, seguido de una exploración de las perspectivas futuras para la movilidad sostenible.

Estudios de caso: Innovaciones y éxitos en movilidad sostenible

El futuro de las políticas públicas para la movilidad sostenible está lleno de oportunidades y desafíos. A medida que las tecnologías continúan evolucionando y las ciudades adoptan enfoques más integrados y sostenibles, podemos esperar ver una serie de innovaciones y tendencias emergentes que transformarán la manera en que nos movemos.

Noruega es un líder mundial en la adopción de vehículos eléctricos (VE), con más de la mitad de los automóviles nuevos vendidos en el país siendo eléctricos. Este éxito se debe a una combinación de políticas públicas favorables, incentivos económicos y una infraestructura de carga bien desarrollada. Los compradores de VE en Noruega están exentos del impuesto de compra y del IVA, lo que puede reducir el precio de un VE en hasta un 25%. Además, los VE están exentos de peajes, tarifas de estacionamiento y peajes en carreteras, lo que hace que su uso sea más económico. Estas políticas han llevado a una adopción masiva de VE, reduciendo significativamente las emisiones de CO_2 del transporte y mejorando la calidad del aire en las ciudades noruegas. La infraestructura de carga se ha expandido rápidamente, con estaciones de carga rápida disponibles en todo el país, lo que ha facilitado el uso diario de los VE. Noruega ha demostrado que, con un fuerte apoyo gubernamental y una infraestructura adecuada, es posible lograr una transición rápida y exitosa hacia la movilidad eléctrica. Sin embargo, también ha enfrentado desafíos, como la necesidad de mantener y expandir la infraestructura de carga y compensar la pérdida de ingresos por impuestos sobre los combustibles fósiles. La experiencia de Noruega destaca la importancia de planificar a largo plazo y adaptar las políticas a medida que cambia el mercado.

Shenzhen, China, es un ejemplo destacado de la electrificación del transporte público. En 2017, Shenzhen electrificó completamente su flota de autobuses, convirtiéndose en la primera ciudad del mundo en hacerlo. Este logro fue posible gracias a los generosos subsidios gubernamentales, inversiones en infraestructura de carga y colaboración con fabricantes de autobuses eléctricos. El gobierno chino ha proporcionado apoyo financiero y regulaciones que exigen la electrificación de las flotas de autobuses. La electrificación de la flota de autobuses de Shenzhen ha reducido significativamente las emisiones de CO_2 y mejorado la calidad del aire en la ciudad. Los autobuses eléctricos también ofrecen menores costos operativos y un funcionamiento más silencioso en comparación con los autobuses diésel. Este cambio ha demostrado que la electrificación del transporte público es una solución viable y beneficiosa para las grandes ciudades. Sin embargo, la inversión inicial significativa requerida para la compra de autobuses eléctricos y la instalación de infraestructura de carga, así como la necesidad de programas de capacitación para conductores y técnicos, han sido desafíos importantes. La experiencia de Shenzhen subraya la importancia de los subsidios gubernamentales y la colaboración con la industria para superar las barreras iniciales y lograr una transición exitosa.

Londres, Reino Unido, ha implementado varias políticas para reducir la contaminación del aire y promover la movilidad sostenible, incluida la Zona de Bajas Emisiones (ZBE) y la Ultra Baja Emisión Zone (ULEZ). Estas zonas cobran una tarifa diaria a los vehículos que no cumplen con los estándares de emisiones, incentivando a los conductores a cambiar a vehículos más limpios. Además, el gobierno de Londres ha invertido en infraestructura de carga para VE y en la electrificación del transporte público. Las ZBE y ULEZ han llevado a una reducción significativa en los niveles de contaminación del aire y han incentivado la adopción de vehículos más limpios. Las inversiones en infraestructura de carga y la electrificación del transporte público han mejorado la accesibilidad y la eficiencia del transporte sostenible en Londres. Estas políticas han ayudado a transformar la movilidad urbana y a mejorar la calidad de vida de los residentes. No obstante, la implementación de las ZBE y ULEZ ha enfrentado resistencia por parte de algunos conductores y sectores industriales, y la expansión de la infraestructura de carga requiere una inversión continua y una planificación cuidadosa. Londres ha aprendido que la comunicación y la colaboración con todas las partes interesadas son cruciales para el éxito de estas políticas.

California, Estados Unidos, ha establecido estándares estrictos de eficiencia energética para los edificios y ofrece subsidios y créditos fiscales para la compra de VE y la instalación de infraestructura de carga. El estado también ha implementado regulaciones que exigen una reducción progresiva en las emisiones de CO_2 de los vehículos nuevos vendidos en el estado. Estas políticas han llevado a un aumento significativo en la adopción de VE y el desarrollo de infraestructura de carga en California. Los estándares de eficiencia energética han promovido la construcción de edificios más sostenibles y la integración de estaciones de carga para VE. Las regulaciones de emisiones han incentivado a los fabricantes de automóviles a desarrollar vehículos más limpios y eficientes. Sin embargo, uno de los desafíos es el alto costo inicial de las tecnologías sostenibles y la necesidad de financiamiento continuo para los subsidios y la infraestructura. Además, la adopción de VE varía entre diferentes regiones y comunidades dentro del estado. California ha aprendido que es importante proporcionar incentivos y apoyo adaptados a las necesidades de diferentes grupos demográficos y geográficos.

Copenhague, Dinamarca, ha invertido significativamente en infraestructura ciclista, incluida una extensa red de carriles bici protegidos. La ciudad también ha implementado un exitoso programa de bikesharing que incluye bicicletas eléctricas. Estas inversiones han sido parte de una estrategia más amplia para promover el uso de la bicicleta como medio de transporte principal. Las inversiones en infraestructura ciclista y bikesharing han llevado a un aumento significativo en el uso de la bicicleta como medio de transporte en Copenhague. Esto ha reducido la dependencia del automóvil, disminuido las emisiones y mejorado la calidad del aire. La ciudad ha visto beneficios adicionales en términos de salud pública y bienestar, ya que más personas optan por un modo de transporte activo. No obstante, uno de los desafíos ha sido la integración de las bicicletas con otros modos de transporte y la necesidad de mantener y expandir continuamente la infraestructura ciclista. Copenhague ha aprendido que la planificación urbana integrada y la participación de la comunidad son cruciales para el éxito de las políticas de movilidad ciclista.

Helsinki, Finlandia, ha sido pionera en la implementación de autobuses autónomos y servicios de movilidad bajo demanda. La ciudad ha realizado pruebas exitosas de autobuses autónomos en áreas residenciales y campus universitarios, demostrando su viabilidad como complemento del transporte público. Además, Helsinki ha lanzado un servicio de movilidad bajo demanda llamado "Whim", que integra diferentes modos de transporte en una sola aplicación. Las pruebas de autobuses autónomos han proporcionado datos valiosos sobre la viabilidad de esta tecnología y han mejorado la eficiencia del transporte público. El servicio de movilidad bajo demanda ha facilitado la planificación de viajes y ha mejorado la accesibilidad del transporte sostenible. Estos avances han demostrado el potencial de la tecnología para transformar la movilidad urbana. Sin embargo, uno de los desafíos ha sido la integración de tecnologías emergentes con los sistemas de transporte existentes y la necesidad de desarrollar marcos regulatorios adecuados. Helsinki ha aprendido que la colaboración con empresas de tecnología y transporte, así como la participación del público, son esenciales para el éxito de estas innovaciones.

Perspectivas futuras: Tendencias emergentes y oportunidades

El futuro de la movilidad sostenible está lleno de oportunidades y desafíos. A medida que las tecnologías continúan evolucionando y las ciudades adoptan enfoques más integrados y sostenibles, podemos esperar ver una serie de tendencias emergentes que transformarán la movilidad urbana.

La movilidad como servicio (MaaS) es un enfoque integrado que combina diferentes modos de transporte en una sola plataforma, permitiendo a los usuarios planificar, reservar y pagar por viajes utilizando una sola aplicación. MaaS facilita la planificación de viajes y mejora la accesibilidad del transporte sostenible, incentivando a más personas a utilizar soluciones de movilidad compartida y transporte público. MaaS tiene el potencial de transformar la forma en que las personas se desplazan, haciendo que el transporte sea más eficiente, conveniente y sostenible. Al integrar diferentes modos de transporte, MaaS puede reducir la dependencia del automóvil privado y promover el uso de soluciones de movilidad sostenible. Sin embargo, uno de los desafíos es la integración de diferentes sistemas de transporte y la necesidad de desarrollar plataformas tecnológicas interoperables. Además, es importante garantizar que MaaS sea accesible y asequible para todos los usuarios, incluidas las comunidades de bajos ingresos y las áreas rurales.

La integración de energías renovables en el transporte es una tendencia creciente. Los vehículos eléctricos (VE) pueden ser cargados con electricidad generada por energía solar, eólica y otras fuentes renovables, creando un ciclo de energía limpio y sostenible. Además, las estaciones de carga pueden ser equipadas con paneles solares y sistemas de almacenamiento de energía. La integración de energías renovables puede reducir significativamente las emisiones del transporte y mejorar la sostenibilidad del sistema energético. Las estaciones de carga con energía renovable pueden mejorar la resiliencia de la infraestructura de carga y reducir la dependencia de la red eléctrica. Sin embargo, uno de los desafíos es el costo inicial de la instalación de sistemas de energía renovable y la necesidad de financiación. Además, es importante desarrollar políticas y regulaciones que promuevan la integración de energías renovables en el transporte y garanticen la interoperabilidad de los sistemas de carga.

El desarrollo de infraestructura inteligente, equipada con sensores y tecnologías de comunicación, puede mejorar la eficiencia y la sostenibilidad del transporte. Las redes de transporte inteligentes pueden optimizar el flujo de tráfico, mejorar la puntualidad del transporte público y proporcionar información en tiempo real a los usuarios. La infraestructura inteligente puede mejorar significativamente la eficiencia del transporte, reducir la congestión y las emisiones, y facilitar la integración de vehículos autónomos y tecnologías de carga inalámbrica, mejorando la conveniencia y accesibilidad del transporte sostenible. No obstante, uno de los desafíos es el costo de desarrollo e implementación de infraestructura inteligente y la necesidad de colaboración entre diferentes niveles de gobierno y el sector privado. Además, es crucial garantizar la seguridad y privacidad de los datos recopilados por la infraestructura inteligente.

Los vehículos autónomos y la movilidad bajo demanda tienen el potencial de transformar la movilidad urbana. Los servicios de transporte autónomo bajo demanda pueden proporcionar una alternativa conveniente y sostenible al uso del automóvil privado, reduciendo la congestión y las emisiones. Los vehículos autónomos pueden mejorar la seguridad vial, reducir los costos operativos y aumentar la eficiencia del transporte. La movilidad bajo demanda puede ofrecer soluciones flexibles y accesibles, complementando el transporte público y reduciendo la necesidad de propiedad de vehículos privados. Sin embargo, uno de los desafíos es el desarrollo y la implementación de marcos regulatorios adecuados para los vehículos autónomos. Además, es importante garantizar la aceptación pública y la confianza en la tecnología autónoma. La integración de vehículos autónomos con los sistemas de transporte existentes también presenta desafíos técnicos y logísticos.

Las políticas de economía circular pueden promover la reutilización y el reciclaje de materiales en el sector del transporte. Los gobiernos pueden desarrollar regulaciones que exijan la recuperación y el reciclaje de baterías de VE, así como la reutilización de materiales en la fabricación de vehículos. La economía circular puede reducir la demanda de recursos naturales y minimizar los impactos ambientales de la producción y el desecho de vehículos. Además, puede crear nuevas oportunidades económicas en el reciclaje y la reutilización de materiales. Sin embargo, uno de los desafíos es el desarrollo de tecnologías y procesos eficientes para la recuperación y el reciclaje de materiales. Además, es importante establecer regulaciones y estándares que promuevan la economía circular y garantizar la cooperación entre diferentes sectores industriales.

El futuro de la movilidad sostenible promete ser dinámico y transformador. La implementación de MaaS, la integración de energías renovables, el desarrollo de infraestructura inteligente, la adopción de vehículos autónomos y la promoción de la economía circular son solo algunas de las estrategias que pueden ayudar a crear sistemas de transporte más eficientes, sostenibles y equitativos. Al adoptar estas políticas y fomentar la colaboración entre el sector público y privado, los gobiernos pueden liderar el camino hacia un futuro de movilidad más limpio y eficiente.

Conclusión

Los estudios de caso presentados en este capítulo destacan cómo diversas ciudades y regiones han implementado políticas públicas y adoptado tecnologías sostenibles para transformar la movilidad urbana. Estos ejemplos demuestran que, con la combinación adecuada de políticas, tecnología y voluntad política, es posible lograr un cambio significativo hacia un sistema de transporte más sostenible y eficiente.

A medida que avanzamos hacia el futuro, las tendencias emergentes y las oportunidades en la movilidad sostenible ofrecen un camino prometedor para continuar mejorando la eficiencia y la sostenibilidad del transporte. La movilidad como servicio, la integración de energías renovables, el desarrollo de infraestructura inteligente, los vehículos autónomos y la economía circular son solo algunas de las tendencias que están configurando el futuro de la movilidad.

Para capitalizar estas oportunidades, es esencial que los gobiernos, las empresas y las comunidades trabajen juntos para desarrollar y adoptar soluciones innovadoras. La colaboración, la planificación a largo plazo y el compromiso con la sostenibilidad serán cruciales para garantizar que las futuras generaciones puedan disfrutar de un sistema de transporte limpio, eficiente y equitativo.

Este capítulo ha explorado los estudios de caso y las perspectivas futuras en la movilidad sostenible, proporcionando una visión integral de las estrategias exitosas y las oportunidades emergentes. En los capítulos siguientes, continuaremos profundizando en las tecnologías y las políticas que están configurando el futuro de la movilidad, con el objetivo de proporcionar una comprensión completa y convincente de cómo podemos construir un futuro más sostenible y equitativo para todos.

Capítulo 5: Innovación Tecnológica en la Movilidad Sostenible

La innovación tecnológica es un motor crucial para la transformación de la movilidad hacia modelos más sostenibles. En la última década, hemos visto un progreso impresionante en áreas como los vehículos eléctricos, la infraestructura de carga, los sistemas de telemática y los combustibles alternativos. Este capítulo se adentrará en estas innovaciones, explorando cómo están cambiando el panorama del transporte y cuáles son sus potenciales impactos a largo plazo.

Vehículos eléctricos de nueva generación

Los vehículos eléctricos (VE) han recorrido un largo camino desde sus primeras versiones. Hoy en día, las innovaciones continúan mejorando su rendimiento, autonomía y accesibilidad, marcando un antes y un después en la industria automotriz.

Las baterías son el corazón de los VE, y las mejoras en su tecnología han sido fundamentales para su adopción masiva. Las baterías de iones de litio han dominado el mercado debido a su alta densidad de energía y eficiencia. Sin embargo, la investigación sigue avanzando para superar sus limitaciones, como los costos y la degradación con el tiempo. Una de las áreas más prometedoras es el desarrollo de baterías de estado sólido, que utilizan un electrolito sólido en lugar de líquido. Estas baterías prometen una mayor densidad de energía, tiempos de carga más rápidos y mayor seguridad. Empresas como Toyota y QuantumScape están liderando la investigación en esta área, y se espera que los primeros vehículos con estas baterías lleguen al mercado en los próximos años. Además, el reciclaje eficiente de baterías es esencial para la sostenibilidad a largo plazo de los VE. Métodos avanzados de reciclaje están siendo desarrollados para recuperar materiales valiosos como litio, cobalto y níquel, reduciendo la necesidad de nueva extracción y minimizando el impacto ambiental.

Además de las baterías, los motores eléctricos y los sistemas de propulsión también están evolucionando. Los motores de imanes permanentes ofrecen alta eficiencia y rendimiento gracias al uso de imanes de tierras raras. Las mejoras en la fabricación y el diseño de estos motores están llevando a vehículos más ligeros y eficientes. Para reducir la dependencia de materiales raros, algunos fabricantes están desarrollando motores sin imanes que utilizan tecnologías alternativas como el motor de reluctancia conmutada. Estos motores pueden ser más económicos y sostenibles a largo plazo. La electrónica de potencia está mejorando la eficiencia de los motores eléctricos. Los controladores de motor más sofisticados permiten una gestión más precisa de la energía, optimizando el rendimiento y la autonomía de los vehículos.

El diseño y la fabricación de VE también están evolucionando para ser más sostenibles. Los fabricantes están adoptando materiales reciclados y compuestos ligeros para reducir el peso de los vehículos y mejorar su eficiencia. Por ejemplo, BMW utiliza fibra de carbono reciclada en su modelo i3. La impresión 3D y otras técnicas de manufactura aditiva están permitiendo la producción de componentes más ligeros y complejos, reduciendo el desperdicio y mejorando la eficiencia de fabricación. Además, el concepto de economía circular se está integrando en la fabricación de VE, con estrategias para reutilizar componentes y materiales al final de la vida útil del vehículo. Esto no solo reduce el impacto ambiental, sino que también puede ofrecer beneficios económicos.

Los avances en la tecnología de baterías, los sistemas de propulsión y las prácticas de fabricación están impulsando el desarrollo y la adopción de VE. Estas innovaciones no solo mejoran el rendimiento y la eficiencia de los vehículos, sino que también contribuyen a la sostenibilidad ambiental y económica a largo plazo. Con el continuo apoyo de la investigación y el desarrollo, así como la adopción de políticas favorables, los VE están bien posicionados para desempeñar un papel crucial en la transición hacia un futuro de movilidad más limpia y eficiente.

Cargas inalámbricas y rápidas

La infraestructura de carga es crucial para el éxito de los vehículos eléctricos (VE), y las innovaciones en esta área están mejorando la conveniencia y la accesibilidad, facilitando la adopción masiva de estos vehículos.

Las estaciones de carga rápida permiten que los VE recarguen sus baterías en minutos en lugar de horas, lo cual es esencial para la adopción generalizada. Las nuevas estaciones de carga rápida pueden ofrecer hasta 350 kW de potencia, permitiendo cargar la batería de un VE hasta el

80% en menos de 20 minutos. Redes como Ionity en Europa y Electrify America en Estados Unidos están desplegando estas estaciones a gran escala, haciendo que la carga rápida esté disponible en más lugares y mejorando la experiencia del usuario. Para manejar la alta potencia de carga sin sobrecalentar la batería, se están desarrollando tecnologías avanzadas de refrigeración. Estos sistemas permiten mantener las baterías a una temperatura óptima durante la carga rápida, prolongando su vida útil y asegurando un rendimiento seguro.

La carga inalámbrica promete eliminar la necesidad de conectores físicos, mejorando la conveniencia y facilitando la carga en movimiento. Las estaciones de carga inductiva utilizan campos electromagnéticos para transferir energía entre una plataforma de carga en el suelo y una bobina receptora en el vehículo. Esta tecnología es ideal para aplicaciones urbanas y estacionamientos, donde la conveniencia es clave. Además, las cargas dinámicas permiten que los VE se carguen mientras están en movimiento, utilizando bobinas integradas en las carreteras. Aunque aún está en fase experimental, esta tecnología podría revolucionar el transporte de largo alcance, eliminando la necesidad de paradas prolongadas para recargar y aumentando la eficiencia del sistema de transporte.

Integrar energías renovables en la infraestructura de carga es crucial para maximizar los beneficios ambientales de los VE. Las estaciones de carga equipadas con paneles solares pueden generar su propia electricidad, reduciendo la dependencia de la red y disminuyendo las emisiones de carbono. Empresas como Envision Solar están desarrollando estaciones de carga solar móviles y autónomas, que pueden ser desplegadas en diversas ubicaciones sin necesidad de infraestructura eléctrica adicional. Para gestionar la variabilidad de las energías renovables, se están integrando sistemas de almacenamiento de energía en las estaciones de carga. Las baterías estacionarias pueden almacenar el exceso de energía solar o eólica durante los picos de producción y liberarla cuando la demanda es alta, asegurando un suministro de energía constante y fiable.

Las innovaciones en la infraestructura de carga están desempeñando un papel crucial en la facilitación de la adopción de VE. Las estaciones de carga rápida, la carga inalámbrica y la integración de energías renovables no solo mejoran la conveniencia y accesibilidad de los VE, sino que también contribuyen a un futuro más sostenible y eficiente. Con el continuo desarrollo y despliegue de estas tecnologías, la transición hacia una movilidad eléctrica más amplia y accesible está cada vez más cerca de convertirse en una realidad.

Telemática y vehículos conectados

La telemática y la conectividad están transformando la gestión y la operación de los vehículos, mejorando la eficiencia, la seguridad y la conveniencia en múltiples niveles.

La telemática permite a las empresas gestionar sus flotas de manera más eficiente, reduciendo costos y mejorando el rendimiento. Los sistemas telemáticos pueden rastrear la ubicación, el estado del vehículo y el comportamiento del conductor en tiempo real. Esto permite a las empresas optimizar las rutas, reducir el consumo de combustible y mejorar la seguridad. Además, la telemática facilita el mantenimiento predictivo, identificando problemas potenciales antes de que se conviertan en fallos costosos. Los sensores integrados pueden monitorear el desgaste de componentes clave y alertar a los administradores de flotas cuando es necesario realizar el mantenimiento. Esta capacidad de monitoreo y mantenimiento preventivo no solo ahorra dinero, sino que también asegura que los vehículos estén siempre en condiciones óptimas de funcionamiento.

Los vehículos autónomos prometen mejorar la seguridad vial, reducir la congestión y aumentar la eficiencia del transporte. Estos vehículos utilizan una combinación de cámaras, radares, lidars y sensores ultrasónicos para percibir su entorno. Estos sensores permiten una conducción precisa y segura, incluso en condiciones adversas. Los algoritmos de inteligencia artificial analizan los datos de los sensores para tomar decisiones en tiempo real. Estos sistemas están diseñados para mejorar continuamente a través del aprendizaje automático, adaptándose a nuevas situaciones y mejorando su rendimiento con el tiempo. Además, las redes de comunicación vehículo a todo (V2X) permiten que los vehículos autónomos se comuniquen entre sí y con la infraestructura vial. Esto facilita la coordinación del tráfico, la gestión de intersecciones y la respuesta rápida a emergencias, creando un entorno de transporte más seguro y eficiente.

La conectividad también está transformando la experiencia del usuario a través de sistemas de infoentretenimiento avanzados. Los sistemas de infoentretenimiento modernos permiten la integración completa con smartphones, ofreciendo navegación, entretenimiento y conectividad sin interrupciones. CarPlay de Apple y Android Auto de Google son ejemplos populares de estas integraciones, que permiten a los usuarios acceder a sus aplicaciones y servicios favoritos directamente desde la consola del vehículo. Además, los asistentes virtuales basados en inteligencia artificial, como Alexa de Amazon y Google Assistant, están siendo integrados en los sistemas de infoentretenimiento. Estos asistentes permiten a los conductores controlar funciones del vehículo, buscar información y acceder a servicios con comandos de voz, mejorando la conveniencia y la seguridad al reducir la necesidad de interactuar físicamente con los dispositivos mientras se conduce.

Los vehículos conectados pueden recibir actualizaciones de software por aire (OTA), mejorando sus características y corrigiendo problemas sin necesidad de visitas al taller. Tesla ha liderado el camino en esta área, demostrando que las actualizaciones OTA pueden mantener los vehículos al día con las últimas innovaciones. Estas actualizaciones no solo mejoran la funcionalidad y el rendimiento del vehículo, sino que también pueden introducir nuevas características y mejoras de seguridad, proporcionando a los propietarios de vehículos una experiencia de usuario continuamente mejorada.

La telemática y la conectividad están revolucionando el sector automotriz. Desde la gestión eficiente de flotas y el mantenimiento predictivo hasta la conducción autónoma y los sistemas de infoentretenimiento avanzados, estas tecnologías están mejorando todos los aspectos del transporte. Con la integración continua de estas innovaciones, el futuro de la movilidad promete ser más seguro, eficiente y conveniente para todos.

Tecnologías de reducción de emisiones

Además de los vehículos eléctricos, existen otras tecnologías que están ayudando a reducir las emisiones del transporte, ofreciendo alternativas para mejorar la eficiencia y disminuir el impacto ambiental.

Los combustibles alternativos ofrecen una opción para reducir las emisiones de los vehículos de combustión interna. El gas natural comprimido (GNC) produce menos emisiones de CO_2 y contaminantes en comparación con la gasolina y el diésel. Es utilizado principalmente en flotas comerciales y de transporte público, donde su menor costo y menores emisiones pueden tener un impacto significativo. Los biocombustibles, como el etanol y el biodiésel, se producen a partir de materias primas renovables. Estos combustibles pueden reducir significativamente las emisiones de carbono cuando se producen de manera sostenible, aprovechando residuos agrícolas y otras fuentes renovables. El hidrógeno es una opción prometedora para el transporte pesado y de largo alcance. Los vehículos de hidrógeno emiten solo vapor de agua y pueden recargarse rápidamente. Las celdas de combustible de hidrógeno están siendo desarrolladas por empresas como Toyota, Honda y Hyundai, y se espera que jueguen un papel importante en la descarbonización del transporte.

Los vehículos híbridos enchufables (PHEV) combinan un motor de combustión interna con un motor eléctrico y una batería recargable, permitiendo una mayor autonomía y flexibilidad. Los PHEV ofrecen la posibilidad de conducir distancias cortas en modo completamente eléctrico, reduciendo las emisiones en los entornos urbanos. Para distancias más largas, el motor de combustión interna proporciona una mayor autonomía, ofreciendo lo mejor de ambos mundos. Los fabricantes están desarrollando PHEV con baterías de mayor capacidad y motores eléctricos más potentes, lo que mejora la eficiencia y la capacidad de conducción eléctrica pura. Esto permite a los usuarios disfrutar de una conducción más ecológica sin preocuparse por la autonomía limitada.

Aunque los vehículos eléctricos están ganando terreno, los motores de combustión interna seguirán siendo una parte importante del panorama automotriz en el futuro cercano. Por lo tanto, las tecnologías que reducen las emisiones de estos motores son cruciales. Los sistemas de escape modernos, como los filtros de partículas y los convertidores catalíticos avanzados, pueden reducir significativamente las emisiones de contaminantes. Estos sistemas están siendo mejorados continuamente para cumplir con regulaciones más estrictas, ayudando a minimizar el impacto ambiental de los motores de combustión. La inyección directa de combustible y la inyección de alta presión están mejorando la eficiencia de los motores y reduciendo las emisiones. Estas tecnologías permiten una combustión más completa y limpia, aumentando la eficiencia y reduciendo el consumo de combustible.

La hibridación leve, o mild hybrid, utiliza un pequeño motor eléctrico para apoyar al motor de combustión interna. Esto reduce el consumo de combustible y las emisiones, especialmente durante el arranque y la aceleración. Los sistemas mild hybrid están siendo adoptados por muchos fabricantes como una solución intermedia para mejorar la eficiencia de combustible y reducir las emisiones sin el costo y la complejidad de un sistema híbrido completo.

Además de los vehículos eléctricos, una variedad de tecnologías y combustibles alternativos están desempeñando un papel crucial en la reducción de las emisiones del transporte. Desde combustibles alternativos como el GNC y los biocombustibles, hasta tecnologías avanzadas en motores de combustión y sistemas híbridos, estas innovaciones están ayudando a crear un futuro de movilidad más limpio y sostenible. Con el continuo desarrollo y adopción de estas tecnologías, podemos esperar ver mejoras significativas en la eficiencia y la sostenibilidad del transporte en los próximos años.

Conclusión

La innovación tecnológica está desempeñando un papel fundamental en la transformación de la movilidad hacia modelos más sostenibles. Desde los avances en las baterías y los sistemas de propulsión de los vehículos eléctricos, hasta las mejoras en la infraestructura de carga, la telemática y los combustibles alternativos, estas tecnologías están haciendo que el transporte sea más limpio, eficiente y accesible.

La inversión en investigación y desarrollo es crucial para mantener el ritmo de la innovación y superar las barreras tecnológicas. Las lecciones aprendidas en este ámbito muestran que la inversión continua es esencial para seguir avanzando. La colaboración entre gobiernos, empresas y universidades es esencial para acelerar el desarrollo y la implementación de nuevas tecnologías. Esta cooperación permite compartir conocimientos, recursos y experiencias, lo que resulta en un progreso más rápido y efectivo. Las políticas y estrategias deben ser adaptativas, permitiendo ajustes a medida que evolucionan las tecnologías y las necesidades del mercado. La flexibilidad en la formulación de políticas asegura que las innovaciones puedan ser rápidamente adoptadas y aplicadas en el contexto adecuado.

Las perspectivas futuras en el ámbito de la movilidad sostenible son prometedoras. Las baterías de estado sólido y otras tecnologías emergentes prometen mejorar la autonomía, la seguridad y la sostenibilidad de los vehículos eléctricos (VE). Estas baterías tienen el potencial de ofrecer mayores densidades de energía, tiempos de carga más rápidos y una mayor seguridad, lo que podría revolucionar el mercado de los VE. La carga inalámbrica y dinámica también promete revolucionar la forma en que los VE se cargan, mejorando la conveniencia y la accesibilidad. Con estas tecnologías, los vehículos podrían cargarse sin necesidad de conectores físicos, e incluso mientras están en movimiento, eliminando la necesidad de paradas prolongadas para recargar.

Los vehículos autónomos y conectados están transformando la gestión del tráfico y la experiencia del usuario, haciendo que el transporte sea más seguro y eficiente. La conducción autónoma, apoyada por redes de comunicación y sensores avanzados, puede reducir los accidentes de tráfico y optimizar el flujo de vehículos en las carreteras. Además, la conectividad permite una mejor gestión de las flotas y una experiencia de usuario más personalizada y cómoda. La adopción de principios de economía circular en la fabricación y el reciclaje de componentes puede reducir el impacto ambiental del transporte y crear nuevas oportunidades económicas. Esto implica diseñar vehículos y componentes que puedan ser fácilmente desmontados y reutilizados, minimizando los residuos y aprovechando al máximo los recursos.

El futuro de la movilidad sostenible es prometedor, y la innovación tecnológica será clave para lograrlo. Con el enfoque adecuado, podemos construir un sistema de transporte que no solo satisfaga nuestras necesidades de movilidad, sino que también proteja nuestro planeta para las futuras generaciones. La combinación de inversiones continuas en I+D, la colaboración entre distintos sectores y la adopción de políticas flexibles y adaptativas nos permitirá enfrentar los desafíos y aprovechar las oportunidades que nos depara el futuro de la movilidad sostenible.

Capítulo 6: La Movilidad Sostenible en las Ciudades Inteligentes

Las ciudades inteligentes están en el corazón de la revolución de la movilidad sostenible. Al integrar tecnologías avanzadas y enfoques de planificación urbana innovadores, las ciudades inteligentes buscan mejorar la calidad de vida de sus habitantes, reducir el impacto ambiental y crear sistemas de transporte más eficientes y sostenibles. Este capítulo explorará cómo las ciudades inteligentes están transformando la movilidad urbana, con un enfoque en las tecnologías clave, los modelos de integración y los ejemplos exitosos de todo el mundo.

Definición y características de una ciudad inteligente

Una ciudad inteligente utiliza tecnologías de información y comunicación (TIC) para mejorar la eficiencia de los servicios urbanos, reducir costos y recursos, y aumentar la calidad de vida de sus ciudadanos. La movilidad es un componente central de las ciudades inteligentes, y su integración es crucial para alcanzar los objetivos de sostenibilidad y eficiencia.

Los elementos esenciales de una ciudad inteligente incluyen una infraestructura digital, sensores y dispositivos IoT, Big Data y analítica, y la participación ciudadana. La infraestructura digital consiste en redes de comunicación avanzadas que permiten la conectividad entre dispositivos, sistemas y personas. Esto es fundamental para el funcionamiento de una ciudad inteligente, ya que garantiza que la información se transmita de manera rápida y eficiente. Los sensores y dispositivos de Internet de las Cosas (IoT) recopilan y analizan datos en tiempo real, proporcionando información valiosa sobre el estado de los servicios urbanos y el comportamiento de los ciudadanos. Estos datos son analizados mediante técnicas de Big Data y analítica para tomar decisiones informadas y optimizar los servicios urbanos. La participación ciudadana se logra al involucrar a los ciudadanos en la planificación y toma de decisiones a través de plataformas digitales y mecanismos de retroalimentación, asegurando que las soluciones implementadas respondan a las necesidades y expectativas de la comunidad.

Las tecnologías utilizadas en ciudades inteligentes son variadas y avanzadas, incluyendo redes de comunicación 5G, plataformas de datos abiertos, inteligencia artificial (IA) y blockchain. Las redes de comunicación 5G ofrecen mayor velocidad y capacidad, permitiendo la conectividad en tiempo real para vehículos autónomos y sistemas de gestión de tráfico. Esto es crucial para la implementación de soluciones de movilidad avanzadas que mejoren la eficiencia del transporte urbano. Las plataformas de datos abiertos permiten el acceso a datos urbanos para desarrolladores y ciudadanos, fomentando la innovación y la transparencia. Al hacer que los datos estén disponibles públicamente, se facilita el desarrollo de aplicaciones y servicios que pueden mejorar la vida en la ciudad. La inteligencia artificial (IA) se aplica en la gestión del tráfico, predicción de demanda y optimización de recursos, permitiendo una administración más inteligente y eficiente de los servicios urbanos. Por último, el blockchain se utiliza para asegurar transacciones y datos, mejorar la transparencia y reducir el fraude en servicios urbanos, proporcionando una capa adicional de seguridad y confianza en los sistemas de la ciudad.

Una ciudad inteligente integra una variedad de tecnologías y enfoques para mejorar la movilidad y otros servicios urbanos. La combinación de infraestructura digital, sensores IoT, Big Data, participación ciudadana, redes 5G, plataformas de datos abiertos, inteligencia artificial y blockchain permite crear un entorno urbano más eficiente, sostenible y habitable. Con el continuo avance de estas tecnologías y su implementación en las ciudades, podemos esperar una mejora significativa en la calidad de vida de los ciudadanos y en la eficiencia de los servicios urbanos.

Movilidad urbana y transporte inteligente

La movilidad urbana en las ciudades inteligentes se centra en la integración de diferentes modos de transporte y el uso de tecnologías avanzadas para mejorar la eficiencia y reducir el impacto ambiental.

Los sistemas de transporte público inteligente son fundamentales en este enfoque. La implementación de autobuses y tranvías eléctricos ayuda a reducir las emisiones y mejorar la calidad del aire. Estos vehículos eléctricos no solo disminuyen la dependencia de combustibles fósiles, sino que también proporcionan un medio de transporte más silencioso y limpio. Además, los sistemas de gestión de tráfico en tiempo real utilizan sensores y algoritmos de inteligencia artificial (IA) para optimizar el flujo de tráfico y reducir la congestión. Estos sistemas analizan datos en tiempo real para ajustar los semáforos y desviar el tráfico según sea necesario, mejorando la eficiencia del transporte urbano. El transporte público bajo demanda ajusta sus rutas y horarios en función de la demanda en tiempo real, mejorando la eficiencia y el servicio al usuario. Esto permite una mayor flexibilidad y capacidad de respuesta a las necesidades de los pasajeros.

La movilidad compartida es otro componente clave de la movilidad urbana en ciudades inteligentes. Plataformas de carsharing y ridesharing permiten a los usuarios compartir vehículos, reduciendo la necesidad de propiedad de automóviles y disminuyendo la congestión. Estas plataformas no solo optimizan el uso de los vehículos, sino que también ayudan a reducir el tráfico y las emisiones. Los programas de bikesharing y scootersharing ofrecen opciones de movilidad sostenible para distancias cortas, promoviendo el uso de medios de transporte más ecológicos y saludables. Además, las flotas de vehículos autónomos compartidos pueden ser utilizadas bajo demanda, combinando la conveniencia del transporte privado con la eficiencia del transporte público. Estos vehículos autónomos pueden operar de manera continua, optimizando las rutas y reduciendo la necesidad de estacionamientos en áreas congestionadas.

La integración de modos de transporte es esencial para una movilidad urbana eficiente. La movilidad como servicio (MaaS) es un enfoque que integra todos los modos de transporte en una sola aplicación, permitiendo a los usuarios planificar, reservar y pagar sus viajes de manera eficiente. MaaS facilita la transición entre diferentes tipos de transporte, desde bicicletas compartidas hasta autobuses y trenes, mejorando la experiencia del usuario y promoviendo el uso de múltiples modos de transporte. Los hubs de movilidad son centros que combinan diferentes servicios de transporte, como bicicletas compartidas, estaciones de carga para vehículos eléctricos y paradas de autobuses, facilitando las transiciones entre modos de transporte. Estos hubs proporcionan una infraestructura integrada que apoya una movilidad más fluida y conectada.

Ejemplos de ciudades inteligentes que están implementando soluciones avanzadas de movilidad urbana incluyen Singapur, Barcelona y Helsinki. Singapur utiliza un sistema de gestión de tráfico basado en IA y sensores para optimizar el flujo de tráfico y reducir la congestión. Además, ha implementado vehículos autónomos en áreas específicas y cuenta con un avanzado sistema de transporte público integrado. Barcelona ha implementado soluciones de movilidad compartida y ha creado una red de "superislas" que priorizan a los peatones y ciclistas, reduciendo el tráfico de automóviles en ciertas áreas. Estas superislas mejoran la calidad de vida al disminuir la contaminación y el ruido, y fomentan un ambiente más amigable para los peatones y ciclistas. Helsinki es pionera en MaaS con la aplicación Whim, que permite a los usuarios acceder a una variedad de servicios de transporte público y privado a través de una sola plataforma. Esta aplicación facilita la planificación y pago de viajes, integrando diferentes modos de transporte y ofreciendo una solución de movilidad completa y conveniente.

La movilidad urbana en las ciudades inteligentes se basa en la integración de tecnologías avanzadas y la coordinación de diferentes modos de transporte. A través de sistemas de transporte público inteligente, movilidad compartida, integración de modos de transporte y ejemplos de ciudades innovadoras, se puede mejorar la eficiencia, reducir el impacto ambiental y aumentar la calidad de vida de los ciudadanos. Con la adopción de estas prácticas y tecnologías, las ciudades pueden avanzar hacia un futuro de movilidad más sostenible y eficiente.

Gestión de tráfico y planificación urbana

Una gestión eficiente del tráfico y una planificación urbana inteligente son esenciales para la movilidad sostenible en las ciudades inteligentes.

Los sistemas de gestión de tráfico inteligente son fundamentales para optimizar el flujo de vehículos y reducir la congestión. Sensores de tráfico y cámaras recopilan datos en tiempo real sobre el flujo de tráfico, permitiendo la optimización de señales de tráfico y la gestión de incidentes. Estos datos permiten a las autoridades monitorear y responder rápidamente a los cambios en las condiciones del tráfico, mejorando la eficiencia del sistema de transporte. El control adaptativo de señales utiliza algoritmos de inteligencia artificial (IA) para ajustar las señales de tráfico en función de las condiciones actuales, reduciendo la congestión y mejorando el flujo de vehículos. Este enfoque dinámico asegura que el tráfico fluya de manera más uniforme, minimizando los tiempos de espera y reduciendo las emisiones. Las plataformas de información al usuario proporcionan información en tiempo real sobre el tráfico, opciones de transporte y tiempos de viaje, ayudando a los usuarios a planificar sus rutas de manera más eficiente. Estas aplicaciones permiten a los conductores y pasajeros tomar decisiones informadas sobre sus desplazamientos, optimizando su tiempo y reduciendo la carga sobre las infraestructuras de transporte.

La planificación urbana sostenible es otro pilar clave para lograr una movilidad eficiente y ecológica en las ciudades inteligentes. Las zonas de bajas emisiones son áreas en las que se restringe el acceso de vehículos de alta emisión, incentivando el uso de vehículos eléctricos y modos de transporte sostenible. Estas zonas ayudan a mejorar la calidad del aire y fomentan el uso de alternativas de transporte más limpias. El diseño de espacios públicos y verdes que priorizan los espacios peatonales y las áreas verdes mejora la calidad de vida y promueve modos de transporte activos como caminar y andar en bicicleta. Estos espacios no solo proporcionan un entorno más agradable y saludable para los residentes, sino que también reducen la dependencia del automóvil. El desarrollo orientado al tránsito (TOD) se centra en el desarrollo de viviendas y servicios alrededor de nodos de transporte público, reduciendo la necesidad de uso del automóvil y fomentando el uso del transporte público. Este enfoque asegura que los servicios y las comodidades estén accesibles para todos, independientemente de su dependencia del transporte privado.

Ejemplos de planificación urbana inteligente pueden encontrarse en ciudades como Ámsterdam, Estocolmo y Copenhague. Ámsterdam ha desarrollado un extenso sistema de carriles bici y ha implementado políticas que favorecen el uso de bicicletas y el transporte público. La ciudad también ha desarrollado áreas peatonales y restringido el acceso de vehículos en ciertas zonas, promoviendo un entorno urbano más limpio y seguro para los peatones y ciclistas. Estocolmo, conocida por su sistema de peajes urbanos, ha reducido significativamente la congestión y las emisiones en el centro de la ciudad. La ciudad también ha implementado zonas de bajas emisiones y ha mejorado su red de transporte público, ofreciendo a los habitantes diferentes alternativas más limpias y eficientes. Copenhague ha priorizado la infraestructura ciclista, con una red de carriles bici que cubre toda la ciudad. Además, Copenhague ha desarrollado áreas peatonales y ha implementado políticas para reducir el uso del automóvil, promoviendo un estilo de vida más activo y sostenible.

una gestión eficiente del tráfico y una planificación urbana inteligente son cruciales para crear ciudades sostenibles y habitables. A través de la implementación de sistemas de gestión de tráfico avanzados, el diseño de espacios públicos y verdes, y el desarrollo de infraestructuras de transporte orientadas al tránsito, las ciudades pueden mejorar la movilidad urbana, reducir el impacto ambiental y aumentar la calidad de vida de sus ciudadanos. Con ejemplos exitosos como Ámsterdam, Estocolmo y Copenhague, queda claro que estas estrategias pueden transformar significativamente el entorno urbano y hacer que nuestras ciudades sean más sostenibles y eficientes.

Tecnologías de movilidad sostenible en ciudades inteligentes

Las tecnologías de movilidad sostenible son un componente clave de las ciudades inteligentes, mejorando la eficiencia y reduciendo el impacto ambiental del transporte.

Los vehículos eléctricos y estaciones de carga son esenciales para esta transformación. La implementación de redes de carga rápida en ubicaciones estratégicas facilita el uso de vehículos eléctricos (VE) al permitir una carga rápida y conveniente. Estas estaciones, ubicadas en lugares clave como autopistas y centros urbanos, aseguran que los conductores puedan recargar sus vehículos en minutos en lugar de horas, mejorando significativamente la viabilidad de los VE. La integración con energías renovables en estas estaciones de carga, equipándolas con paneles solares y sistemas de almacenamiento de energía, reduce la dependencia de la red eléctrica y disminuye las emisiones de carbono. Además, las plataformas de gestión de carga optimizan el uso de las estaciones, gestionando la demanda y reduciendo los costos operativos. Estos sistemas aseguran que la infraestructura de carga se utilice de manera eficiente, evitando sobrecargas y maximizando la disponibilidad para los usuarios.

Los sistemas de transporte autónomo también juegan un papel crucial en la movilidad sostenible. Las flotas de autobuses autónomos que operan en rutas fijas o bajo demanda mejoran la eficiencia y reducen los costos operativos al eliminar la necesidad de conductores humanos. Estos autobuses pueden operar de manera continua, optimizando las rutas y horarios según la demanda real. Los servicios de taxis autónomos ofrecen una alternativa conveniente y sostenible al uso del automóvil privado, proporcionando transporte bajo demanda con menores costos operativos y sin emisiones directas. La integración con infraestructura inteligente permite que estos sistemas de transporte autónomo se comuniquen con la infraestructura vial para optimizar el flujo de tráfico y mejorar la seguridad. Esta comunicación ayuda a coordinar el tráfico, reducir la congestión y mejorar la seguridad vial.

Las plataformas de datos abiertos y analítica avanzada son fundamentales para la gestión eficiente de las ciudades inteligentes. El uso de sensores y dispositivos IoT para recopilar datos en tiempo real sobre el tráfico, la calidad del aire y otros parámetros urbanos proporciona una base de datos rica y actualizada que puede ser utilizada para tomar decisiones informadas. Las plataformas de datos abiertos permiten el acceso público a estos datos, fomentando la innovación y la participación ciudadana. Al proporcionar datos accesibles, los ciudadanos y desarrolladores pueden crear nuevas aplicaciones y servicios que mejoren la calidad de vida urbana. La analítica avanzada utiliza big data y algoritmos de IA para analizar estos datos, ayudando a las autoridades a tomar decisiones informadas sobre la gestión del tráfico y la planificación urbana. Esto permite una gestión más eficiente y proactiva de los recursos urbanos, mejorando la calidad de vida y reduciendo el impacto ambiental.

Ejemplos de tecnologías de movilidad sostenible incluyen la Tesla Supercharger Network, Waymo y Barcelona Smart City. La Tesla Supercharger Network es una red de estaciones de carga rápida para vehículos Tesla, equipada con tecnologías de carga rápida y, en algunos casos, paneles solares, lo que facilita la recarga rápida y sostenible de los VE. Waymo desarrolla vehículos autónomos y ofrece servicios de taxis autónomos en varias ciudades de Estados Unidos, demostrando el potencial de la movilidad autónoma para reducir la congestión y las emisiones. Barcelona Smart City utiliza sensores y plataformas de datos abiertos para gestionar el tráfico, optimizar el uso de energía y mejorar la calidad del aire, mostrando cómo la integración de tecnologías avanzadas puede transformar la gestión urbana.

las tecnologías de movilidad sostenible son esenciales para las ciudades inteligentes. La combinación de vehículos eléctricos, sistemas de transporte autónomo y plataformas de datos avanzadas permite una gestión más eficiente del transporte urbano, reduciendo el impacto ambiental y mejorando la calidad de vida de los ciudadanos. Con la implementación de estas tecnologías, las ciudades pueden avanzar hacia un futuro más sostenible y eficiente.

Impacto de la movilidad en ciudades inteligentes

La movilidad sostenible no solo tiene beneficios ambientales, sino también sociales y económicos. Las ciudades inteligentes están aprovechando estas ventajas para mejorar la calidad de vida de sus habitantes y fomentar el desarrollo económico.

Los beneficios sociales de la movilidad sostenible son numerosos. La mejora de la calidad del aire es uno de los más importantes, ya que la reducción de las emisiones de vehículos mejora la calidad del aire, reduciendo las enfermedades respiratorias y cardiovasculares. Esto no solo mejora la salud de los ciudadanos, sino que también reduce la carga sobre los sistemas de salud pública. La accesibilidad y equidad son otros beneficios clave, ya que la movilidad sostenible mejora el acceso a oportunidades económicas y servicios para todos los ciudadanos, incluidos aquellos en comunidades desfavorecidas. Esto puede reducir las desigualdades y promover una mayor inclusión social. Además, promover modos de transporte activo, como caminar y andar en bicicleta, mejora la salud física y mental de los ciudadanos. Estos modos de transporte no solo son sostenibles, sino que también fomentan un estilo de vida más activo y saludable.

Los beneficios económicos de la movilidad sostenible también son significativos. La reducción de costos operativos es uno de los principales, ya que la eficiencia mejorada y los menores costos de mantenimiento de los vehículos eléctricos (VE) y sistemas de transporte inteligente reducen los costos operativos para las empresas y las administraciones públicas. Esto puede liberar recursos para ser utilizados en otras áreas importantes. La inversión en tecnologías de movilidad sostenible y la infraestructura asociada crea empleos y fomenta el crecimiento económico. La construcción y mantenimiento de infraestructura, así como el desarrollo de nuevas tecnologías, generan oportunidades de empleo y promueven la innovación. Además, la mejora de la calidad del aire y la promoción de modos de transporte activo reducen los costos asociados con las enfermedades relacionadas con la contaminación y el sedentarismo, generando ahorros significativos en salud pública.

Ejemplos de impacto social y económico de la movilidad sostenible pueden encontrarse en varias ciudades alrededor del mundo. En Curitiba, Brasil, la implementación de un sistema de transporte público eficiente y accesible ha mejorado la calidad de vida y ha fomentado el desarrollo económico en la ciudad. El sistema de autobuses de tránsito rápido (BRT) de Curitiba es un modelo que seguir para otras ciudades, demostrando cómo una infraestructura de transporte bien planificada puede transformar una ciudad. En Zúrich, Suiza, el enfoque en el transporte público y la infraestructura ciclista ha reducido la congestión, mejorado la calidad del aire y aumentado la movilidad de los ciudadanos, con beneficios significativos para la salud pública. Zúrich ha demostrado que una combinación de transporte público eficiente y una infraestructura ciclista robusta puede mejorar la movilidad urbana y la calidad de vida. Seúl, Corea del Sur, ha implementado soluciones de movilidad inteligente que han mejorado la eficiencia del transporte, reducido las emisiones y fomentado el crecimiento económico. La integración de tecnologías avanzadas en la gestión del tráfico y el transporte público ha convertido a Seúl en un líder en movilidad sostenible.

la movilidad sostenible ofrece numerosos beneficios sociales y económicos. Al mejorar la calidad del aire, promover la equidad y accesibilidad, y fomentar modos de transporte activo, las ciudades pueden mejorar la salud y el bienestar de sus ciudadanos. Al mismo tiempo, la reducción de costos operativos, el crecimiento económico y los ahorros en salud pública demuestran que la movilidad sostenible es una inversión inteligente para el futuro. Con ejemplos exitosos como Curitiba, Zúrich y Seúl, es evidente que las ciudades inteligentes pueden aprovechar las tecnologías de movilidad sostenible para crear entornos urbanos más saludables, equitativos y prósperos.

Desafíos y barreras para la implementación

A pesar de los numerosos beneficios, la implementación de soluciones de movilidad sostenible en ciudades inteligentes enfrenta varios desafíos y barreras que deben ser superados.

El costo inicial y el financiamiento son grandes obstáculos. El desarrollo de infraestructura de movilidad sostenible requiere inversiones significativas que pueden ser una barrera para muchas ciudades. Estas inversiones incluyen la construcción de estaciones de carga, la implementación de sistemas de transporte inteligente y la mejora de la infraestructura existente. Encontrar modelos de financiamiento sostenibles que involucren tanto al sector público como al privado es crucial para el éxito a largo plazo. Las asociaciones público-privadas (PPP) pueden proporcionar los recursos y la experiencia necesarios para desarrollar y mantener estas infraestructuras, compartiendo los riesgos y beneficios entre las partes involucradas.

La aceptación pública y el cambio de comportamiento también representan desafíos importantes. Los ciudadanos pueden resistirse a adoptar nuevas tecnologías y modos de transporte, especialmente si están acostumbrados al uso del automóvil privado. Esta resistencia puede deberse a la falta de información, la percepción de inconveniencia o simplemente a la inercia del comportamiento habitual. Es esencial educar y concienciar a los ciudadanos sobre los beneficios de la movilidad sostenible y fomentar cambios en el comportamiento. Las campañas de concienciación pueden resaltar los beneficios ambientales, económicos y de salud asociados con la movilidad sostenible, incentivando a los ciudadanos a probar y adoptar nuevas opciones de transporte.

La integración de tecnologías es otro desafío clave. Garantizar que diferentes sistemas y tecnologías puedan trabajar juntos de manera eficiente es fundamental para el éxito de la movilidad sostenible. La interoperabilidad entre plataformas de datos, sistemas de transporte y dispositivos IoT es esencial para crear una red cohesiva y eficiente. Además, proteger los datos de los ciudadanos y garantizar la seguridad de los sistemas inteligentes es fundamental para ganar la confianza del público. Los sistemas de movilidad inteligente deben estar diseñados con medidas de seguridad robustas para proteger contra el acceso no autorizado y el mal uso de los datos personales.

Las regulaciones y normativas también deben adaptarse para apoyar la movilidad sostenible. Es necesario desarrollar marcos regulatorios que apoyen la implementación de tecnologías de movilidad sostenible y protejan los intereses de los ciudadanos. Estas regulaciones deben abordar cuestiones como la seguridad, la privacidad, la interoperabilidad y la equidad. Además, las regulaciones deben ser flexibles y adaptarse a la rápida evolución de las tecnologías. Esto implica la creación de políticas que puedan evolucionar con el tiempo y responder a los cambios en el panorama tecnológico y de mercado.

Ejemplos de superación de desafíos en movilidad sostenible pueden encontrarse en ciudades como Ámsterdam y Singapur. Ámsterdam ha superado desafíos de financiamiento mediante asociaciones público-privadas y ha fomentado la aceptación pública a través de campañas de concienciación y educación. La ciudad ha implementado programas que destacan los beneficios del ciclismo y el transporte público, y ha trabajado con empresas privadas para desarrollar infraestructura de transporte sostenible. Singapur ha desarrollado marcos regulatorios avanzados y ha implementado tecnologías de seguridad y privacidad para proteger los datos de los ciudadanos y garantizar la interoperabilidad de sus sistemas de movilidad inteligente. La ciudad-estado ha invertido en soluciones de transporte inteligente y ha creado un entorno regulatorio que facilita la innovación y la adopción de nuevas tecnologías.

aunque existen desafíos significativos para la implementación de soluciones de movilidad sostenible en ciudades inteligentes, estos pueden ser superados con estrategias adecuadas. La colaboración entre el sector público y privado, la educación y concienciación ciudadana, la integración tecnológica eficiente y el desarrollo de marcos regulatorios flexibles son esenciales para crear sistemas de transporte sostenible que mejoren la calidad de vida y protejan el medio ambiente. Con ejemplos exitosos como Ámsterdam y Singapur, queda claro que es posible superar estos desafíos y avanzar hacia un futuro de movilidad más sostenible y eficiente.

Futuro de la movilidad en ciudades inteligentes

A medida que las tecnologías continúan evolucionando y las ciudades inteligentes adoptan enfoques más integrados y sostenibles, las perspectivas futuras para la movilidad urbana son prometedoras.

Los avances tecnológicos juegan un papel crucial en la mejora de la movilidad urbana. El uso de inteligencia artificial (IA) y aprendizaje automático mejorará la gestión del tráfico, la planificación urbana y la eficiencia del transporte. Estas tecnologías pueden analizar grandes volúmenes de datos en tiempo real, permitiendo una mejor toma de decisiones y optimización de los recursos. La expansión del Internet de las Cosas (IoT) permitirá una mayor conectividad y optimización de los sistemas de transporte, mejorando la eficiencia y la conveniencia. Los dispositivos IoT pueden recopilar datos de sensores instalados en vehículos e infraestructura, proporcionando información valiosa para gestionar el tráfico y mejorar la experiencia del usuario. El uso de blockchain para asegurar transacciones y datos puede mejorar la transparencia y reducir el fraude en los servicios de movilidad. Esta tecnología puede garantizar la integridad y seguridad de los datos, facilitando la confianza en los sistemas de transporte.

Los modelos de movilidad innovadores están transformando la forma en que los ciudadanos planifican y realizan sus viajes. La expansión de la Movilidad como Servicio (MaaS) transformará la manera en que los ciudadanos planifican y realizan sus viajes, integrando todos los modos de transporte en una sola plataforma. MaaS facilita la planificación, reserva y pago de viajes, ofreciendo una experiencia de usuario más integrada y conveniente. Los vehículos autónomos y compartidos ofrecerán nuevas opciones de movilidad, reduciendo la necesidad de propiedad de automóviles y mejorando la eficiencia del transporte urbano. Estos vehículos pueden operar de manera continua, optimizando las rutas y reduciendo la congestión.

Los enfoques de planificación urbana sostenible también son esenciales para el futuro de la movilidad urbana. El desarrollo orientado al tránsito (TOD) se centra en el desarrollo alrededor de nodos de transporte público, fomentando el uso del transporte público y reduciendo la dependencia del automóvil. Este enfoque crea comunidades más accesibles y conectadas, facilitando el acceso a servicios y empleos sin necesidad de un automóvil privado. La expansión de zonas de bajas emisiones y áreas peatonales mejorará la calidad del aire y promoverá modos de transporte activos. Estas áreas no solo reducen las emisiones, sino que también crean entornos más saludables y atractivos para los residentes.

Las políticas públicas y la colaboración son fundamentales para apoyar la transición hacia una movilidad urbana más sostenible. El desarrollo de regulaciones flexibles y adaptativas fomentará la innovación y la adopción de soluciones de movilidad sostenible. Las regulaciones deben ser capaces de adaptarse rápidamente a los avances tecnológicos y las cambiantes necesidades del mercado. La colaboración internacional permitirá compartir mejores prácticas y tecnologías, acelerando la transición hacia la movilidad sostenible a nivel global. La cooperación entre ciudades y países puede facilitar el intercambio de conocimientos y recursos, apoyando el desarrollo de soluciones más efectivas y eficientes.

el futuro de la movilidad urbana es brillante, gracias a los avances tecnológicos, los modelos de movilidad innovadores, los enfoques de planificación urbana sostenible y las políticas públicas adaptativas. Con la combinación de IA, IoT y blockchain, junto con la expansión de MaaS y vehículos autónomos compartidos, las ciudades pueden mejorar significativamente la eficiencia y sostenibilidad de sus sistemas de transporte. Al mismo tiempo, la planificación urbana orientada al tránsito y la creación de zonas de bajas emisiones promoverán un entorno más saludable y accesible. Con la colaboración internacional y regulaciones flexibles, el camino hacia una movilidad urbana sostenible está bien encaminado.

Conclusión

Las ciudades inteligentes están en el centro de la revolución de la movilidad sostenible. Al integrar tecnologías avanzadas, enfoques de planificación urbana innovadores y modelos de movilidad sostenible, estas ciudades están mejorando la calidad de vida de sus habitantes y reduciendo su impacto ambiental. A pesar de los desafíos, las oportunidades para avanzar hacia un sistema de transporte más eficiente, limpio y equitativo son inmensas.

Los ejemplos presentados en este capítulo demuestran que, con el enfoque adecuado, es posible transformar la movilidad urbana y alcanzar los objetivos de sostenibilidad. A medida que las tecnologías continúan evolucionando y las ciudades adoptan enfoques más integrados, el futuro de la movilidad sostenible en las ciudades inteligentes es prometedor. Con el compromiso y la colaboración de todos los sectores de la sociedad, podemos construir un sistema de transporte que no solo satisfaga nuestras necesidades de movilidad, sino que también proteja nuestro planeta para las futuras generaciones.

Capítulo 7: Ciudadanía y Educación en la Movilidad Sostenible

La transición hacia una movilidad sostenible no solo depende de avances tecnológicos y políticas públicas efectivas, sino también de la participación de los ciudadanos y de una educación adecuada que fomente una cultura de sostenibilidad. Este capítulo explora la importancia de la participación ciudadana y la educación en la promoción de la movilidad sostenible, destacando estrategias, iniciativas y estudios de caso que han demostrado éxito en diversas partes del mundo.

Campañas de concienciación y educación pública

Las campañas de concienciación y educación pública son fundamentales para informar a los ciudadanos sobre los beneficios de la movilidad sostenible y motivar cambios en el comportamiento.

Estrategias efectivas para campañas de concienciación incluyen la utilización de medios de comunicación masiva, eventos comunitarios y la colaboración con escuelas y universidades. Las campañas en televisión, radio y redes sociales pueden alcanzar a un público amplio y diverso. Mensajes claros y persuasivos sobre los beneficios de la movilidad sostenible, como la reducción de emisiones y la mejora de la salud pública, pueden generar conciencia y motivar cambios en el comportamiento. Los medios masivos permiten difundir información rápidamente y llegar a diferentes segmentos de la población, lo que es esencial para crear un movimiento amplio y significativo hacia prácticas de movilidad más sostenibles.

Organizar eventos comunitarios como días sin coche, ferias de movilidad sostenible y talleres educativos puede proporcionar experiencias prácticas y directas. Estos eventos permiten a los ciudadanos probar nuevas formas de transporte, aprender sobre sus beneficios y discutir preocupaciones y preguntas con expertos. Los días sin coche, por ejemplo, transforman temporalmente las calles en espacios libres de automóviles, lo que ofrece a los residentes la oportunidad de experimentar la ciudad de una manera diferente y ver los beneficios inmediatos de la reducción del tráfico motorizado. Las ferias y talleres educativos pueden proporcionar información detallada y permitir la interacción directa con tecnologías y prácticas de movilidad sostenible, fomentando una comprensión más profunda y el compromiso a largo plazo.

Involucrar a instituciones educativas en campañas de concienciación puede tener un impacto duradero. Programas educativos que integran la movilidad sostenible en el currículo escolar pueden educar a los jóvenes sobre la importancia de estas prácticas desde una edad temprana. Colaborar con escuelas y universidades no solo ayuda a formar hábitos sostenibles en los estudiantes, sino que también puede influir en sus familias y comunidades, ampliando el alcance de la campaña. Las actividades escolares pueden incluir proyectos de clase sobre transporte sostenible, excursiones que utilicen modos de transporte no motorizados y competiciones que promuevan el uso de bicicletas o caminatas.

Ejemplos de campañas exitosas demuestran cómo estas estrategias pueden tener un impacto significativo.

"Bike to Work Day" en Estados Unidos es un evento anual que anima a los ciudadanos a usar la bicicleta para desplazarse al trabajo. La campaña incluye rutas guiadas, estaciones de refresco y premios para los participantes, y ha sido exitoso en aumentar el uso de la bicicleta y en sensibilizar sobre los beneficios del ciclismo urbano. Este tipo de evento no solo promueve el uso de la bicicleta, sino que también crea una comunidad de ciclistas que pueden compartir experiencias y apoyarse mutuamente.

"European Mobility Week" es una iniciativa de la Comisión Europea que promueve la movilidad urbana sostenible a través de eventos y actividades en ciudades de toda Europa. La campaña incluye desafíos de movilidad, talleres y conferencias, y ha logrado aumentar la conciencia y la participación ciudadana en la movilidad sostenible. Esta semana de actividades proporciona una plataforma para que las ciudades compartan sus mejores prácticas y motiven a los residentes a probar nuevas formas de transporte sostenible.

"Ciclovías Recreativas" en América Latina son otra muestra de éxito en campañas de movilidad sostenible. Ciudades como Bogotá y Ciudad de México cierran ciertas calles al tráfico de automóviles durante los fines de semana, permitiendo a los ciudadanos caminar, andar en bicicleta y disfrutar de actividades al aire libre. Estas iniciativas fomentan el uso de la bicicleta y crean conciencia sobre los beneficios de espacios urbanos libres de automóviles. Las ciclovías recreativas no solo promueven el ejercicio y el transporte activo, sino que también transforman temporalmente el espacio urbano, demostrando el potencial de un entorno menos dependiente del automóvil.

las campañas de concienciación y educación pública son esenciales para promover la movilidad sostenible. Utilizando medios de comunicación masiva, organizando eventos comunitarios e involucrando a instituciones educativas, estas campañas pueden informar y motivar a los ciudadanos, fomentando un cambio de comportamiento hacia prácticas de transporte más sostenibles. Ejemplos como "Bike to Work Day", "European Mobility Week" y "Ciclovías Recreativas" muestran cómo estas estrategias pueden tener un impacto positivo y duradero en la sociedad.

Participación comunitaria en la planificación del transporte

La participación ciudadana en la planificación del transporte es crucial para garantizar que las soluciones de movilidad sostenible respondan a las necesidades y preferencias de la comunidad.

Los mecanismos de participación comunitaria son diversos y efectivos para involucrar a los ciudadanos en el proceso de planificación del transporte. Organizar consultas públicas y audiencias permite a los ciudadanos expresar sus opiniones y preocupaciones sobre proyectos de transporte. Estas interacciones pueden proporcionar información valiosa a los planificadores y asegurar que las decisiones sean inclusivas y representativas. Las consultas públicas son un foro donde los ciudadanos pueden discutir directamente con los responsables de la toma de decisiones, asegurando que las voces de la comunidad se escuchen y consideren en el diseño de políticas y proyectos.

Realizar encuestas y estudios de opinión puede ayudar a comprender mejor las necesidades y preferencias de los ciudadanos. Los resultados de estas encuestas pueden orientar el diseño y la implementación de políticas y proyectos de transporte, asegurando que respondan a las demandas reales de la comunidad. Las encuestas pueden abarcar una amplia gama de temas, desde preferencias de transporte hasta preocupaciones ambientales, proporcionando una base sólida para la toma de decisiones informada.

Formar comités y grupos de trabajo con representantes de la comunidad puede facilitar un diálogo continuo y constructivo entre los ciudadanos y los planificadores. Estos grupos pueden participar en todas las etapas del proceso de planificación, desde la concepción hasta la implementación y evaluación. Al incluir a representantes de diversas partes de la comunidad, se asegura que las soluciones de movilidad sean equitativas y reflejen las necesidades de todos los ciudadanos. Los comités pueden proporcionar retroalimentación constante y actuar como enlaces entre los planificadores y la comunidad en general.

Ejemplos de participación comunitaria en la planificación del transporte pueden encontrarse en diversas partes del mundo. En España, muchas ciudades han implementado el Plan de Movilidad Urbana Sostenible (PMUS), que incluye procesos de participación ciudadana para desarrollar y evaluar estrategias de movilidad sostenible. Los ciudadanos participan en talleres, encuestas y reuniones, asegurando que las soluciones de movilidad respondan a sus necesidades. Este enfoque participativo ha permitido desarrollar estrategias que no solo son efectivas, sino que también cuentan con el respaldo de la comunidad.

En Porto Alegre, Brasil, el Presupuesto Participativo permite a los ciudadanos decidir cómo se gasta una parte del presupuesto municipal. La movilidad sostenible es una de las áreas prioritarias, y los ciudadanos pueden proponer y votar por proyectos que mejoren el transporte público, la infraestructura ciclista y otras soluciones de movilidad. Este proceso no solo empodera a los ciudadanos, sino que también asegura que los fondos se utilicen en proyectos que tienen un apoyo significativo de la comunidad.

En el Reino Unido, la iniciativa "Living Streets" transforma temporalmente calles residenciales en espacios sin tráfico de automóviles, permitiendo a los residentes experimentar y discutir el potencial de cambios permanentes. La retroalimentación de los ciudadanos se utiliza para informar proyectos de rediseño urbano que promuevan la movilidad sostenible. Esta iniciativa permite a los residentes visualizar los beneficios de una reducción del tráfico y participar activamente en la creación de entornos urbanos más habitables y sostenibles.

la participación ciudadana es esencial para el éxito de las soluciones de movilidad sostenible en las ciudades inteligentes. Utilizando mecanismos como consultas públicas, encuestas y comités comunitarios, los planificadores pueden asegurarse de que las decisiones reflejen las necesidades y preferencias de la comunidad. Ejemplos exitosos de participación comunitaria, como el PMUS en España, el Presupuesto Participativo en Porto Alegre y "Living Streets" en el Reino Unido, demuestran cómo la inclusión de los ciudadanos puede llevar a soluciones de movilidad más efectivas y apoyadas. Con una participación ciudadana robusta, las ciudades pueden avanzar hacia un futuro de movilidad más sostenible y equitativo.

Programas educativos y formación

La educación y la formación son esenciales para fomentar una cultura de movilidad sostenible y capacitar a los ciudadanos y profesionales para implementar y mantener soluciones de transporte sostenible.

Iniciativas en escuelas y comunidades son fundamentales para inculcar valores y prácticas sostenibles desde una edad temprana y entre los ciudadanos. Integrar la movilidad sostenible en el currículo escolar puede educar a los estudiantes sobre la importancia de prácticas sostenibles y prepararlos para ser defensores y usuarios de estas soluciones. Actividades como proyectos de ciencia, excursiones y programas de "caminos seguros a la escuela" pueden tener un impacto duradero, ya que enseñan a los jóvenes a valorar y utilizar modos de transporte sostenible en su vida diaria. Los talleres y cursos comunitarios pueden proporcionar a los ciudadanos conocimientos prácticos y habilidades. Estos programas pueden abordar temas como la conducción eficiente, el mantenimiento de bicicletas, el uso del transporte público y la planificación de viajes sostenibles. Al equipar a los ciudadanos con estas habilidades, se les empodera para hacer elecciones de transporte más informadas y sostenibles.

Formar y apoyar a embajadores comunitarios que promuevan la movilidad sostenible en sus vecindarios puede aumentar la conciencia y la participación. Estos embajadores pueden organizar eventos, proporcionar información y servir como enlaces entre los ciudadanos y los planificadores. Al tener miembros de la comunidad que actúen como defensores locales, se puede fomentar una mayor aceptación y adopción de prácticas sostenibles, ya que los ciudadanos pueden ver ejemplos tangibles de cómo estas prácticas benefician a su comunidad.

La formación para profesionales del transporte es igualmente importante para asegurar que las soluciones de movilidad sostenible se implementen y mantengan de manera efectiva. Ofrecer cursos de capacitación y certificación para profesionales del transporte puede asegurar que tengan las habilidades y conocimientos necesarios para implementar y mantener soluciones de movilidad sostenible. Estos programas pueden cubrir temas como el diseño de infraestructuras ciclistas, la gestión del transporte público y la planificación urbana sostenible. La capacitación adecuada garantiza que los profesionales puedan aplicar las mejores prácticas y tecnologías más recientes en sus proyectos.

Facilitar programas de intercambio y aprendizaje entre ciudades y regiones puede permitir a los profesionales del transporte compartir experiencias, aprender de las mejores prácticas y desarrollar nuevas ideas y soluciones. Conferencias, talleres y visitas de estudio son ejemplos de estas iniciativas. Al intercambiar conocimientos y experiencias, los profesionales pueden adaptar y mejorar sus estrategias de movilidad sostenible, beneficiándose de los éxitos y fracasos de otros.

Ejemplos de programas educativos y formación demuestran cómo estas iniciativas pueden tener un impacto significativo. "Safe Routes to School" en Estados Unidos es un programa nacional que promueve el uso de modos de transporte activos y sostenibles para ir a la escuela. Ofrece recursos educativos, capacitación para coordinadores locales y financiamiento para infraestructuras seguras y accesibles. Este programa ha sido exitoso en aumentar la seguridad y la participación en modos de transporte sostenibles entre los estudiantes.

"Copenhagenize Design Company" en Dinamarca ofrece cursos de capacitación y talleres sobre diseño urbano y movilidad ciclista. Su objetivo es educar a profesionales del transporte y urbanistas sobre las mejores prácticas en la promoción del ciclismo urbano. Al proporcionar formación especializada, esta empresa ayuda a desarrollar ciudades más amigables con los ciclistas y sostenibles.

"Mobility Academy" en Suiza ofrece cursos de capacitación y programas de certificación para profesionales del transporte. Los temas cubren desde la planificación del transporte público hasta la implementación de soluciones de movilidad compartida y sostenible. Esta academia proporciona a los profesionales las herramientas y conocimientos necesarios para liderar la transición hacia sistemas de transporte más sostenibles.

la educación y la formación son cruciales para fomentar una cultura de movilidad sostenible. Mediante programas educativos en escuelas y comunidades, y capacitación especializada para profesionales del transporte, se pueden desarrollar las habilidades y el conocimiento necesarios para implementar y mantener soluciones de movilidad sostenible. Ejemplos como "Safe Routes to School", "Copenhagenize Design Company" y "Mobility Academy" muestran cómo la educación y la formación pueden tener un impacto positivo y duradero en la movilidad urbana. Con una educación y formación adecuadas, las ciudades pueden avanzar hacia un futuro más sostenible y equitativo.

Impacto de la participación ciudadana y la educación

La participación ciudadana y la educación pueden tener un impacto significativo en la promoción de la movilidad sostenible, mejorando la adopción de soluciones de transporte sostenible y fomentando una cultura de sostenibilidad.

Los beneficios de la participación ciudadana son numerosos y esenciales para el éxito de las políticas de movilidad sostenible. La participación de los ciudadanos en la planificación del transporte puede aumentar la legitimidad y aceptación de las políticas y proyectos, asegurando que respondan a las necesidades y preferencias de la comunidad. Cuando los ciudadanos se sienten escuchados e involucrados en el proceso de toma de decisiones, es más probable que apoyen y adopten las iniciativas propuestas. Además, la retroalimentación de los ciudadanos puede proporcionar información valiosa que mejore la calidad y relevancia de las soluciones de movilidad sostenible, asegurando que sean efectivas y viables. Esta información puede incluir detalles específicos sobre las necesidades locales y las barreras que enfrentan los residentes en su vida diaria.

La participación ciudadana también puede fomentar una cultura de sostenibilidad, motivando a los ciudadanos a adoptar prácticas sostenibles y a ser defensores activos de la movilidad sostenible. Al involucrar a los ciudadanos en la planificación y ejecución de proyectos de transporte, se crea un sentido de propiedad y responsabilidad compartida. Este compromiso puede extenderse más allá del transporte, influenciando otros aspectos de la vida urbana y promoviendo una actitud más sostenible en general.

Los beneficios de la educación y la formación son igualmente cruciales. La educación y la formación pueden proporcionar a los ciudadanos y profesionales del transporte las habilidades y conocimientos necesarios para implementar y mantener soluciones de movilidad sostenible. Programas educativos pueden enseñar a los estudiantes y a la comunidad sobre la importancia de la movilidad sostenible, así como técnicas prácticas para adoptar estas prácticas en su vida diaria. La educación también puede aumentar la conciencia y el compromiso con la movilidad sostenible, motivando a los ciudadanos a adoptar prácticas sostenibles y a participar activamente en iniciativas de movilidad. Este aumento en la conciencia puede llevar a una mayor demanda de soluciones de movilidad sostenible y una mayor presión sobre los responsables de la toma de decisiones para implementar cambios.

La educación y la formación también pueden fomentar la innovación y la creatividad, permitiendo a los ciudadanos y profesionales del transporte desarrollar nuevas ideas y soluciones para la movilidad sostenible. Al proporcionar un entorno en el que se valoran las nuevas ideas y se apoya la experimentación, las ciudades pueden beneficiarse de soluciones innovadoras que mejoren la eficiencia y sostenibilidad del transporte urbano.

Ejemplos de impacto positivo de la participación ciudadana y la educación en la movilidad sostenible se pueden observar en varias ciudades alrededor del mundo. En Portland, Oregón, Estados Unidos, la ciudad ha implementado un extenso programa de participación ciudadana y educación para promover la movilidad sostenible. Los ciudadanos han participado activamente en la planificación del transporte, y la ciudad ha visto un aumento significativo en el uso del transporte público, la bicicleta y los modos de transporte activos. Este enfoque inclusivo ha resultado en soluciones que son más adecuadas a las necesidades locales y que cuentan con un amplio apoyo comunitario.

Vancouver, Canadá, ha desarrollado programas educativos y de formación para ciudadanos y profesionales del transporte. Estos programas han aumentado la conciencia y el compromiso con la movilidad sostenible y han fomentado la adopción de prácticas sostenibles en toda la ciudad. La formación de profesionales asegura que las soluciones implementadas sean de alta calidad y estén basadas en las mejores prácticas, mientras que la educación comunitaria promueve una adopción más amplia de estas prácticas.

Freiburg, Alemania, es conocida por su enfoque en la sostenibilidad y ha involucrado activamente a los ciudadanos en la planificación del transporte. La ciudad ha implementado programas educativos en las escuelas y la comunidad, logrando una alta adopción de la movilidad sostenible, con un uso significativo del transporte público y la bicicleta. Freiburg demuestra cómo la combinación de participación ciudadana y educación puede crear una cultura de sostenibilidad que beneficia a toda la comunidad.

la participación ciudadana y la educación son fundamentales para la promoción de la movilidad sostenible. A través de la inclusión activa de los ciudadanos en la planificación y la provisión de educación y formación adecuadas, las ciudades pueden desarrollar soluciones de transporte que sean efectivas, aceptadas y sostenibles. Ejemplos como Portland, Vancouver y Freiburg muestran cómo estos enfoques pueden tener un impacto positivo y duradero en la movilidad urbana.

Desafíos y barreras para la participación ciudadana y la educación

A pesar de los beneficios, la promoción de la participación ciudadana y la educación en la movilidad sostenible enfrenta varios desafíos y barreras que deben ser abordados.

Los desafíos de la participación ciudadana incluyen la falta de recursos y financiamiento, desigualdades en la participación y la resistencia al cambio. La implementación de procesos de participación ciudadana requiere recursos y financiamiento, que pueden ser limitados en muchas ciudades y comunidades. Sin los fondos adecuados, es difícil organizar eventos, realizar encuestas y garantizar que todas las voces sean escuchadas. Las desigualdades sociales, económicas y geográficas pueden afectar la participación ciudadana, dejando fuera a ciertos grupos y comunidades. Esto significa que las opiniones y necesidades de algunas personas no se consideran adecuadamente, lo que puede llevar a soluciones de movilidad que no son inclusivas ni equitativas. La resistencia al cambio y la falta de interés pueden ser barreras para la participación ciudadana en la planificación del transporte. Muchas personas pueden ser reacias a cambiar sus hábitos de transporte o a participar en procesos de planificación que perciben como complicados o poco relevantes para sus vidas diarias.

Los desafíos de la educación y la formación también son significativos. El acceso a programas educativos y de formación puede ser limitado para ciertos grupos y comunidades, especialmente en áreas rurales y desfavorecidas. Sin acceso adecuado, muchas personas no pueden beneficiarse de la educación sobre movilidad sostenible ni desarrollar las habilidades necesarias para adoptar prácticas sostenibles. La relevancia y calidad de los programas educativos y de formación pueden variar, afectando su efectividad en la promoción de la movilidad sostenible. Programas mal diseñados o que no abordan las necesidades específicas de la comunidad pueden fallar en generar el impacto deseado. Los programas educativos y de formación deben ser adaptados a las necesidades y preferencias de diferentes audiencias, lo que puede ser un desafío en la práctica. Crear contenido que sea accesible y relevante para diversas poblaciones requiere tiempo, recursos y una comprensión profunda de las diferentes comunidades.

Ejemplos de superación de desafíos en la promoción de la participación ciudadana y la educación en la movilidad sostenible pueden encontrarse en varias ciudades. Bogotá, Colombia, ha implementado programas de participación ciudadana que incluyen a comunidades desfavorecidas y ha proporcionado financiamiento para asegurar que todos los grupos puedan participar activamente. La ciudad también ha desarrollado programas educativos en colaboración con escuelas y organizaciones comunitarias. Estos esfuerzos han asegurado que una amplia gama de voces sea escuchada y que los ciudadanos estén informados y comprometidos con las iniciativas de movilidad sostenible.

Seúl, Corea del Sur, ha desarrollado programas educativos y de formación accesibles para todos los ciudadanos, incluyendo cursos en línea y recursos educativos gratuitos. La ciudad también ha trabajado para asegurar que los programas sean relevantes y de alta calidad, utilizando retroalimentación continua para mejorar. Al ofrecer opciones educativas flexibles y accesibles, Seúl ha podido involucrar a una amplia audiencia y fomentar una mayor adopción de prácticas sostenibles.

Melbourne, Australia, ha implementado programas de participación ciudadana que fomentan el interés y la motivación a través de incentivos y recompensas. La ciudad también ha desarrollado programas educativos que se adaptan a diferentes audiencias, asegurando que sean inclusivos y accesibles. Estos programas no solo educan a los ciudadanos, sino que también los motivan a participar activamente en la planificación y adopción de soluciones de movilidad sostenible.

aunque existen desafíos significativos para la promoción de la participación ciudadana y la educación en la movilidad sostenible, estos pueden ser superados con estrategias adecuadas. La inclusión de comunidades desfavorecidas, el uso de financiamiento adecuado, la creación de programas educativos accesibles y relevantes, y la adaptación de contenido para diversas audiencias son pasos cruciales. Ejemplos como Bogotá, Seúl y Melbourne muestran cómo estas ciudades han abordado y superado estos desafíos, logrando un impacto positivo en la movilidad urbana sostenible.

Futuro de la participación y educación en movilidad sostenible

A medida que las ciudades y comunidades continúan avanzando hacia la movilidad sostenible, la participación ciudadana y la educación seguirán siendo componentes cruciales para el éxito.

Los avances tecnológicos y digitales están facilitando la participación ciudadana y el acceso a la educación en movilidad sostenible. El uso de plataformas digitales de participación y aplicaciones móviles puede facilitar la participación ciudadana, permitiendo a los ciudadanos proporcionar retroalimentación y participar en la planificación del transporte de manera más conveniente y accesible. Estas herramientas digitales pueden ser diseñadas para recopilar opiniones, sugerencias y preocupaciones de los ciudadanos, asegurando que sus voces sean escuchadas y consideradas en el proceso de toma de decisiones. La tecnología también permite una comunicación más eficiente y directa entre los planificadores y la comunidad, agilizando el flujo de información y aumentando la transparencia.

La expansión de recursos educativos en línea y cursos en línea puede aumentar el acceso a la educación y la formación en movilidad sostenible, especialmente para comunidades rurales y desfavorecidas. Los cursos en línea ofrecen flexibilidad en términos de tiempo y lugar, lo que es esencial para personas con horarios ocupados o que viven en áreas donde los programas educativos presenciales no están disponibles. Estos recursos pueden incluir videos instructivos, tutoriales interactivos y foros de discusión que permiten a los participantes aprender a su propio ritmo y conectarse con otros interesados en la movilidad sostenible.

Los enfoques inclusivos y equitativos son esenciales para garantizar que todos los ciudadanos tengan la oportunidad de participar en la planificación del transporte y acceder a la educación sobre movilidad sostenible. Desarrollar enfoques de participación que incluyan a todos los grupos y comunidades asegura que las voces de todos los ciudadanos sean escuchadas y representadas en la planificación del transporte. Esto implica la implementación de estrategias específicas para involucrar a grupos marginados o tradicionalmente subrepresentados, como personas de bajos ingresos, comunidades rurales y minorías étnicas. La inclusión activa de estas voces es crucial para desarrollar soluciones de movilidad que sean verdaderamente equitativas y accesibles para todos.

Hay que asegurar que los programas educativos y de formación sean accesibles y relevantes para todos los ciudadanos, independientemente de su situación socioeconómica, geográfica o demográfica, es otro aspecto fundamental. Los programas deben ser diseñados teniendo en cuenta las diversas necesidades y contextos de los participantes. Esto puede incluir la adaptación de materiales educativos para diferentes niveles de conocimiento, la provisión de recursos en varios idiomas y la creación de programas específicos para distintos grupos de edad y capacidades.

La colaboración y cooperación son vitales para el éxito de la participación ciudadana y la educación en movilidad sostenible. Fomentar asociaciones público-privadas puede ser una manera efectiva de financiar y apoyar programas de participación ciudadana y educación, asegurando que tengan los recursos y la sostenibilidad necesarios. Estas asociaciones pueden combinar los recursos y la experiencia del sector público y privado para desarrollar programas más robustos y efectivos. La cooperación internacional y el intercambio de mejores prácticas y recursos entre ciudades y países también pueden ser muy beneficiosos. Facilitar la cooperación internacional permite a las comunidades aprender unas de otras y mejorar sus enfoques de participación y educación. Compartir experiencias y conocimientos a través de redes globales puede acelerar la adopción de soluciones innovadoras y efectivas en movilidad sostenible.

a medida que las ciudades y comunidades avanzan hacia la movilidad sostenible, la participación ciudadana y la educación continuarán siendo componentes cruciales. Los avances tecnológicos y digitales, los enfoques inclusivos y equitativos, y la colaboración y cooperación son esenciales para asegurar que estas iniciativas sean efectivas y sostenibles. Al aprovechar las tecnologías digitales, desarrollar enfoques inclusivos y fomentar la colaboración, las ciudades pueden mejorar significativamente la participación ciudadana y la educación en movilidad sostenible, beneficiando a toda la comunidad.

Conclusión

La participación ciudadana y la educación son componentes esenciales para la promoción de la movilidad sostenible. A través de campañas de concienciación, participación comunitaria, programas educativos y formación, podemos fomentar una cultura de sostenibilidad y capacitar a los ciudadanos y profesionales del transporte para implementar y mantener soluciones de movilidad sostenible.

A pesar de los desafíos, las oportunidades para avanzar en la participación ciudadana y la educación son inmensas. Con el enfoque adecuado, podemos aumentar la conciencia, el compromiso y la adopción de prácticas sostenibles, asegurando un futuro de movilidad más limpio, eficiente y equitativo para todos.

Este capítulo ha explorado la importancia de la participación ciudadana y la educación en la movilidad sostenible, proporcionando ejemplos de éxito y estrategias efectivas. En los capítulos siguientes, continuaremos explorando las tecnologías y las políticas que están configurando el futuro de la movilidad, con el objetivo de proporcionar una comprensión completa y convincente de cómo podemos construir un futuro más sostenible y equitativo para todos.

Capítulo 8: Beneficios Económicos de la Movilidad Sostenible

La movilidad sostenible no solo tiene beneficios ambientales y sociales, sino también importantes impactos económicos. Desde la reducción de costos operativos hasta la creación de empleo y el impulso al desarrollo económico, las soluciones de movilidad sostenible ofrecen numerosas ventajas que pueden contribuir al crecimiento económico a largo plazo. En este capítulo, exploraremos en profundidad los beneficios económicos de la movilidad sostenible y cómo puede generar ahorros, crear oportunidades de empleo y fomentar un crecimiento económico sostenible.

Reducción de costos operativos

Uno de los beneficios más inmediatos de la movilidad sostenible es la reducción de costos operativos tanto para las empresas como para los individuos. Este ahorro se manifiesta de diversas maneras, impactando positivamente en la economía personal y empresarial.

En primer lugar, los ahorros en combustible son significativos. Los vehículos eléctricos (VE) y los modos de transporte sostenible, como la bicicleta y el transporte público, consumen menos energía que los vehículos de combustión interna. Los VE, en particular, son mucho más eficientes energéticamente y tienen costos de combustible significativamente más bajos. Al depender de la electricidad, que suele ser más barata que la gasolina o el diésel, los usuarios de VE pueden ver una reducción considerable en sus gastos de transporte diarios.

Además del ahorro en combustible, el mantenimiento reducido es otro factor importante. Los VE tienen menos componentes móviles y no requieren cambios de aceite, filtros de aire, bujías y otros mantenimientos rutinarios asociados con los motores de combustión interna. Esto se traduce en menores costos de mantenimiento y reparaciones. Al tener sistemas más simples y duraderos, los VE no solo reducen la necesidad de visitas frecuentes al taller, sino que también prolongan la vida útil del vehículo, generando ahorros a largo plazo.

La eficiencia operativa también mejora con la adopción de la movilidad sostenible. La telemática y los sistemas de gestión de flotas permiten la optimización de rutas y tiempos, reduciendo el consumo de combustible y mejorando la eficiencia operativa. Estos sistemas pueden analizar datos en tiempo real para sugerir las rutas más rápidas y eficientes, minimizando el tiempo que los vehículos pasan en la carretera y reduciendo el desgaste y el uso de combustible.

Otra ventaja significativa es la reducción de la congestión del tráfico. La implementación de soluciones de movilidad sostenible puede reducir la congestión del tráfico, mejorando la eficiencia y reduciendo los tiempos de viaje. Esto no solo ahorra tiempo y dinero a los individuos, sino que también mejora la productividad de las empresas. Menos tiempo en el tráfico significa más tiempo para realizar tareas productivas, aumentando así la eficiencia general de las operaciones comerciales.

Un ejemplo destacado de reducción de costos operativos se encuentra en la empresa de reparto DPDgroup. Esta empresa ha implementado una flota de VE en varias ciudades europeas, reduciendo significativamente sus costos de combustible y mantenimiento. Además, la optimización de rutas ha mejorado la eficiencia operativa, permitiendo entregas más rápidas y económicas. La adopción de VE ha permitido a DPDgroup no solo reducir sus costos operativos, sino también mejorar su impacto ambiental, alineándose con las expectativas de sostenibilidad de sus clientes.

Otro ejemplo es la ciudad de Los Ángeles, que ha convertido parte de su flota de autobuses a eléctricos. Este cambio ha reducido los costos operativos en términos de combustible y mantenimiento. Los ahorros obtenidos se han reinvertido en la expansión y mejora del sistema de transporte público, ofreciendo mejores servicios a los ciudadanos y fomentando el uso del transporte sostenible. Esta iniciativa no solo ha mejorado la eficiencia del sistema de transporte de la ciudad, sino que también ha contribuido a la reducción de emisiones contaminantes, mejorando la calidad del aire urbano.

la movilidad sostenible ofrece numerosos beneficios económicos a través de la reducción de costos operativos. Los ahorros en combustible y mantenimiento, junto con la optimización de la eficiencia operativa y la reducción de la congestión, permiten a las empresas y a los individuos disfrutar de un transporte más económico y eficiente. Ejemplos como DPDgroup y la ciudad de Los Ángeles demuestran cómo la adopción de soluciones de movilidad sostenible puede transformar tanto las operaciones comerciales como los sistemas de transporte urbano, generando ahorros significativos y contribuyendo a un futuro más sostenible.

Crecimiento económico y creación de empleo

La transición hacia la movilidad sostenible puede ser un motor de crecimiento económico y creación de empleo, generando nuevas oportunidades en diversos sectores. Este cambio no solo beneficia al medio ambiente, sino que también impulsa la economía y mejora la calidad de vida de muchas personas.

La industria de vehículos eléctricos (VE) es uno de los sectores que más se ha beneficiado de esta transición. La creciente demanda de VE ha impulsado la creación de empleos en la fabricación de vehículos y baterías. Empresas como Tesla, Rivian y Lucid Motors están expandiendo sus plantas de producción y contratando miles de trabajadores. La fabricación de VE no solo incluye la producción de automóviles, sino también la creación de baterías avanzadas, lo que requiere una mano de obra especializada en ingeniería y manufactura. Esta expansión industrial está generando una ola de empleo en regiones donde se establecen nuevas plantas y líneas de producción.

El desarrollo de infraestructura de carga para VE también está creando empleos en la instalación, mantenimiento y operación de estaciones de carga. Empresas como ChargePoint y EVBox están liderando este crecimiento, estableciendo redes de estaciones de carga en todo el mundo. La construcción y mantenimiento de estas estaciones requieren trabajadores calificados en diversas áreas, desde la ingeniería eléctrica hasta el servicio al cliente. Esta infraestructura es crucial para apoyar el aumento en la adopción de VE y asegurar que los conductores tengan acceso conveniente a la recarga.

El transporte público y la movilidad compartida también están viendo un auge en la creación de empleo. La inversión en transporte público sostenible, como autobuses y trenes eléctricos, genera empleos en la fabricación, operación y mantenimiento de estos sistemas. Además, la construcción de nuevas líneas y estaciones crea oportunidades en el sector de la construcción. Ciudades que invierten en transporte público no solo mejoran su infraestructura, sino que también crean empleos estables y de largo plazo que benefician a la comunidad.

Los servicios de movilidad compartida, como el carsharing, bikesharing y scootersharing, están creando empleos en la gestión de flotas, el servicio al cliente y el mantenimiento de vehículos. Startups como Lime, Bird y

Zipcar están expandiendo rápidamente sus operaciones y contratando personal. Estas empresas están desarrollando modelos de negocio innovadores que requieren una logística eficiente y una atención constante al mantenimiento y la operatividad de sus flotas, lo que resulta en una variedad de oportunidades laborales.

La innovación y el desarrollo tecnológico son otros motores importantes de crecimiento económico en el ámbito de la movilidad sostenible. La inversión en investigación y desarrollo (I+D) está generando empleos en ingeniería, tecnología y ciencias ambientales. Universidades y centros de investigación están desempeñando un papel clave en el desarrollo de nuevas tecnologías, como baterías más eficientes y sistemas de gestión de energía. Estos esfuerzos de I+D no solo avanzan el conocimiento científico, sino que también crean empleos altamente calificados y bien remunerados.

La transición hacia la movilidad sostenible ha generado un ecosistema de startups y nuevas empresas que están innovando en áreas como la electrificación, la inteligencia artificial y la conectividad. Estas empresas no solo crean empleos, sino que también atraen inversiones y fomentan el crecimiento económico. El surgimiento de nuevas tecnologías y modelos de negocio está atrayendo a inversores y fomentando la competitividad, lo que a su vez genera más oportunidades de empleo y desarrollo económico.

Ejemplos concretos de crecimiento económico y creación de empleo gracias a la movilidad sostenible pueden observarse en diferentes partes del mundo. La construcción y operación de la Gigafactory de Tesla en Nevada, Estados Unidos, han creado miles de empleos en la fabricación de baterías y vehículos eléctricos. Esta planta no solo ha generado empleo directo, sino que también ha atraído a proveedores y ha impulsado el desarrollo económico en la región. La presencia de una instalación de esta magnitud ha transformado la economía local, atrayendo a profesionales y fomentando el desarrollo de infraestructura complementaria.

Otro ejemplo es el sistema de transporte público en Medellín, Colombia. La expansión del sistema de transporte público de Medellín, que incluye el metro, tranvía y autobuses eléctricos, ha creado numerosos empleos y ha impulsado el crecimiento económico local. La mejora en la movilidad también ha aumentado la accesibilidad a empleos y servicios para los residentes. Esta expansión ha mejorado significativamente la calidad de vida en la ciudad, reduciendo la congestión y mejorando la eficiencia del transporte.

la transición hacia la movilidad sostenible está generando una gran cantidad de oportunidades económicas. La creación de empleos en la industria de VE, el desarrollo de infraestructura de carga, la expansión del transporte público y la innovación tecnológica están impulsando el crecimiento económico y mejorando la calidad de vida. Ejemplos como la Gigafactory de Tesla y el sistema de transporte público de Medellín demuestran cómo la movilidad sostenible puede ser un motor de desarrollo económico y social.

Ahorros en salud pública

La movilidad sostenible puede tener un impacto significativo en la salud pública, generando ahorros en costos médicos y mejorando la calidad de vida de los ciudadanos. Este enfoque no solo contribuye a la preservación del medio ambiente, sino que también tiene beneficios directos para la salud y el bienestar de las personas.

La reducción de la contaminación del aire es uno de los efectos más inmediatos y palpables de la movilidad sostenible. La transición a vehículos eléctricos (VE) y modos de transporte no motorizados reduce las emisiones de gases de efecto invernadero, lo que contribuye a mitigar el cambio climático y mejorar la calidad del aire. Menores emisiones de dióxido de carbono y otros gases nocivos ayudan a frenar el calentamiento global y sus efectos devastadores sobre el planeta. Además, los VE y el transporte público eléctrico emiten menos contaminantes locales, como partículas y óxidos de nitrógeno, que son perjudiciales para la salud respiratoria y cardiovascular. La disminución de estos contaminantes puede reducir la incidencia de enfermedades como el asma, la bronquitis crónica y otras afecciones respiratorias, así como enfermedades del corazón y derrames cerebrales.

La promoción de modos de transporte activo, como caminar y andar en bicicleta, tiene numerosos beneficios para la salud pública. Fomentar el uso de la bicicleta y caminar como modos de transporte activos puede mejorar la salud física y mental de los ciudadanos. Estos modos de transporte no solo son una forma de ejercicio, sino que también ayudan a prevenir enfermedades crónicas como la obesidad, la diabetes y las enfermedades cardíacas. La actividad física regular está vinculada a una mejor salud mental, reduciendo el riesgo de depresión y ansiedad. Además, desarrollar infraestructura segura y accesible para peatones y ciclistas puede fomentar una mayor actividad física y reducir el riesgo de accidentes de tráfico. Carriles bici bien diseñados, cruces peatonales seguros y zonas peatonales pueden hacer que estos modos de transporte sean más atractivos y seguros para todos los ciudadanos.

Ejemplos concretos de cómo la movilidad sostenible puede generar ahorros en salud pública son numerosos y alentadores. El programa de bicicletas compartidas Vélib' en París, Francia, ha aumentado significativamente el uso de la bicicleta en la ciudad, mejorando la salud de los residentes y reduciendo la contaminación del aire. Los estudios han demostrado que el programa ha contribuido a una disminución en las tasas de enfermedades respiratorias y cardiovasculares. Al proporcionar una alternativa de transporte accesible y sostenible, Vélib' ha ayudado a transformar la movilidad urbana y ha generado beneficios sustanciales para la salud pública.

En Nueva York, Estados Unidos, los proyectos de peatonalización y la creación de carriles bici han mejorado la calidad del aire y fomentados modos de transporte activo. La transformación de áreas como Times Square en zonas peatonales ha reducido las emisiones de contaminantes locales y ha hecho que las calles sean más amigables para peatones y ciclistas. Estos proyectos no solo han mejorado la estética y la funcionalidad de la ciudad, sino que también han generado ahorros significativos en costos de salud pública. Al reducir la exposición a contaminantes y aumentar la actividad física, estas iniciativas han contribuido a mejorar la salud de los neoyorquinos.

la movilidad sostenible ofrece múltiples beneficios para la salud pública. La reducción de la contaminación del aire y la promoción de modos de transporte activo pueden prevenir enfermedades, mejorar la salud mental y física y generar ahorros en costos médicos. Ejemplos como el programa Vélib' en París y los proyectos de peatonalización en Nueva York demuestran cómo la implementación de soluciones de movilidad sostenible puede transformar las ciudades y mejorar la calidad de vida de sus habitantes. Al continuar promoviendo y desarrollando estas iniciativas, podemos crear entornos urbanos más saludables y sostenibles para todos.

Incentivos económicos y retorno de inversión

Los incentivos económicos y el retorno de inversión son aspectos clave para fomentar la adopción de soluciones de movilidad sostenible y asegurar su viabilidad a largo plazo. Estos incentivos pueden motivar tanto a individuos como a empresas a invertir en tecnologías y prácticas que beneficien el medio ambiente y la economía.

Uno de los enfoques más efectivos para incentivar la adopción de soluciones de movilidad sostenible son los subsidios y las exenciones fiscales. Los gobiernos pueden ofrecer subsidios y exenciones fiscales para la compra de vehículos eléctricos (VE), bicicletas eléctricas y otros modos de transporte sostenible. Estos incentivos pueden reducir el costo inicial, que a menudo es una barrera significativa, haciendo que estas opciones sean más atractivas para los consumidores. Por ejemplo, los subsidios pueden cubrir una parte del costo de un VE, mientras que las exenciones fiscales pueden reducir los impuestos asociados con la propiedad y operación de estos vehículos, aumentando así su accesibilidad económica.

Además de los incentivos para la adquisición de vehículos, también es crucial fomentar la inversión en infraestructura. Los incentivos para la instalación de estaciones de carga y la infraestructura ciclista pueden estimular las inversiones necesarias y facilitar la transición hacia la movilidad sostenible. Proporcionar apoyo financiero para la creación de redes de estaciones de carga puede asegurar que los propietarios de VE tengan acceso conveniente a la recarga, eliminando una de las principales barreras para la adopción masiva de estos vehículos. De manera similar, invertir en infraestructura para bicicletas, como carriles bici y estacionamientos seguros, puede incentivar a más personas a usar la bicicleta como medio de transporte diario.

Los programas de financiamiento y préstamos también juegan un papel vital en la promoción de la movilidad sostenible. Los programas de préstamos a bajo interés para la compra de VE y la instalación de infraestructura pueden reducir las barreras financieras y fomentar la adopción de estas tecnologías. Al ofrecer términos favorables, estos préstamos pueden hacer que las inversiones en movilidad sostenible sean más accesibles para individuos y empresas. Además, el uso de bonos verdes y otros mecanismos de financiamiento sostenible puede proporcionar los recursos necesarios para proyectos de movilidad sostenible y asegurar un retorno de inversión a largo plazo. Los bonos verdes son instrumentos de deuda que financian proyectos con beneficios ambientales, como la infraestructura de carga para VE o sistemas de transporte público eléctrico, atrayendo a inversores interesados en apoyar la sostenibilidad.

El retorno de inversión para gobiernos y empresas que invierten en soluciones de movilidad sostenible es significativo. Los ahorros en costos de combustible y mantenimiento, así como la mejora en la eficiencia operativa, pueden generar un retorno de inversión considerable. Los VE, por ejemplo, tienen menores costos de operación debido a su eficiencia energética y menores necesidades de mantenimiento en comparación con los vehículos de combustión interna. Además, la optimización de rutas y la reducción de la congestión pueden mejorar la productividad y reducir los gastos operativos. A largo plazo, los beneficios económicos también se manifiestan en forma de mayores ingresos fiscales y menores costos de salud pública. La mejora en la calidad del aire y la salud pública resultante de la reducción de emisiones puede reducir la carga sobre los sistemas de salud, generando ahorros significativos.

Ejemplos concretos de incentivos económicos y retorno de inversión pueden observarse en diferentes partes del mundo. Noruega, por ejemplo, ofrece generosos incentivos para la compra de VE, incluyendo exenciones fiscales y subsidios. Estos incentivos han impulsado significativamente la adopción de VE en el país y han demostrado ser una inversión rentable, con beneficios en términos de reducción de emisiones y mejora de la calidad del aire. La estrategia de Noruega ha convertido al país en un líder global en la adopción de vehículos eléctricos, demostrando cómo los incentivos bien diseñados pueden transformar el mercado de la movilidad.

En Europa, los proyectos de financiamiento verde han jugado un papel crucial en el desarrollo de infraestructura de carga y sistemas de transporte público eléctrico. La emisión de bonos verdes para financiar proyectos de movilidad sostenible ha proporcionado los recursos necesarios para estas iniciativas, generando un retorno de inversión significativo en términos de ahorros en costos operativos y beneficios económicos a largo plazo. Estos proyectos no solo han mejorado la infraestructura de movilidad sostenible en varias ciudades europeas, sino que también han fomentado la inversión en tecnologías limpias y han creado empleos en sectores relacionados con la sostenibilidad.

los incentivos económicos y el retorno de inversión son fundamentales para fomentar la adopción de soluciones de movilidad sostenible. A través de subsidios, exenciones fiscales, programas de financiamiento y préstamos, los gobiernos pueden reducir las barreras financieras y hacer que las tecnologías sostenibles sean más accesibles. Los beneficios económicos, como los ahorros en costos operativos y los beneficios a largo plazo para la salud pública y el medio ambiente, subrayan la importancia de invertir en movilidad sostenible. Ejemplos como los programas de incentivos en Noruega y los proyectos de financiamiento verde en Europa demuestran cómo estas estrategias pueden transformar la movilidad urbana y generar beneficios significativos para la sociedad.

Ejemplos de impacto económico positivo en la movilidad sostenible

Para ilustrar cómo la movilidad sostenible puede generar beneficios económicos significativos, presentemos algunos ejemplos destacados de todo el mundo. Estos casos demuestran cómo las inversiones en infraestructura y políticas de transporte sostenible no solo mejoran la calidad de vida de los ciudadanos, sino que también impulsan el crecimiento económico.

En Zúrich, Suiza, la ciudad ha desarrollado uno de los sistemas de transporte público más eficientes y sostenibles del mundo, enfrentando el desafío de la congestión del tráfico y la necesidad de reducir las emisiones. La solución implementada ha sido una inversión significativa en una red integral de tranvías, autobuses y trenes eléctricos, complementada con infraestructura ciclista y peatonal. Además, Zúrich ha implementado sistemas de gestión del tráfico y plataformas digitales para optimizar la movilidad urbana. Los resultados han sido impresionantes: el sistema de transporte público eficiente ha reducido la congestión del tráfico, mejorado la calidad del aire y aumentado la accesibilidad al empleo y los servicios. La inversión en movilidad sostenible ha generado un retorno económico significativo, con ahorros en costos operativos y beneficios a largo plazo, evidenciando que la planificación y la inversión adecuada pueden transformar la movilidad urbana y generar ventajas económicas sustanciales.

Ámsterdam, en los Países Bajos, es conocida por su cultura ciclista y ha enfrentado el desafío de fomentar modos de transporte sostenible en una ciudad densamente poblada. La solución implementada incluye el desarrollo de una extensa red de carriles bici protegidos, programas de bikesharing y diversos incentivos para el uso de la bicicleta. Además, la ciudad ha invertido en infraestructura ciclista segura y accesible, creando un entorno que favorece el ciclismo como medio de transporte principal. Los resultados han sido notablemente positivos: la promoción del ciclismo ha reducido la dependencia del automóvil, disminuido las emisiones y mejorado la salud pública. Esta cultura ciclista también ha generado beneficios económicos significativos, incluyendo el crecimiento de la industria de bicicletas y el turismo ciclista, que ha atraído a numerosos visitantes y fomentado la economía local.

Portland, Oregón, en Estados Unidos, ha sido pionera en la implementación de soluciones de movilidad sostenible, enfrentando el desafío de la congestión del tráfico y la necesidad de mejorar la calidad del aire. La ciudad ha invertido en una red integral de transporte público, infraestructura ciclista y peatonal, así como en programas de carsharing y ridesharing. Además, Portland ha implementado políticas de desarrollo orientado al tránsito (TOD) y ha fomentado la participación ciudadana para asegurar que las soluciones de movilidad respondan a las necesidades de la comunidad. Los resultados de estas inversiones han sido significativos: la reducción de la congestión del tráfico, la mejora de la calidad del aire y el aumento de la accesibilidad al empleo y los servicios han transformado la ciudad. Portland ha visto un crecimiento económico notable, con la creación de empleos y la atracción de inversiones en tecnologías sostenibles, lo que demuestra que las ciudades pueden beneficiarse económicamente al adoptar prácticas de movilidad sostenible.

Estos ejemplos demuestran que la movilidad sostenible no solo es buena para el medio ambiente, sino que también ofrece beneficios económicos tangibles. Las inversiones en infraestructura de transporte sostenible, la promoción de modos de transporte activos y la implementación de políticas favorables pueden generar ahorros en costos operativos, mejorar la salud pública y fomentar el crecimiento económico. Las ciudades que adoptan estas prácticas pueden esperar ver mejoras en la calidad de vida de sus residentes y un aumento en su competitividad económica a largo plazo. La experiencia de Zúrich, Ámsterdam y Portland muestra que, con una planificación adecuada y un compromiso con la sostenibilidad, es posible crear sistemas de transporte eficientes y económicos que beneficien a todos.

Desafíos económicos de la movilidad sostenible

A pesar de los beneficios económicos, la promoción de la movilidad sostenible enfrenta varios desafíos y barreras que deben ser abordados. Estos obstáculos pueden dificultar la implementación de soluciones sostenibles, pero con la planificación adecuada y la cooperación entre diferentes sectores, es posible superarlos.

Uno de los principales desafíos es el costo inicial y el financiamiento. El desarrollo de infraestructura de movilidad sostenible requiere inversiones significativas que pueden ser una barrera para muchas ciudades y comunidades. La construcción de redes de estaciones de carga para vehículos eléctricos (VE), la creación de carriles bici protegidos y la expansión del transporte público eléctrico son proyectos costosos que requieren un compromiso financiero sustancial. Encontrar modelos de financiamiento sostenibles que involucren tanto al sector público como al privado es crucial para el éxito a largo plazo. La colaboración entre gobiernos, empresas privadas e inversores puede proporcionar los recursos necesarios para estas inversiones, asegurando que los proyectos sean viables y sostenibles en el tiempo.

Otro desafío importante es la aceptación pública y el cambio de comportamiento. Los ciudadanos pueden resistirse a adoptar nuevas tecnologías y modos de transporte, especialmente si están acostumbrados al uso del automóvil privado. Cambiar hábitos profundamente arraigados requiere un esfuerzo considerable en términos de educación y concienciación. Es esencial educar y concienciar a los ciudadanos sobre los beneficios de la movilidad sostenible y fomentar cambios en el comportamiento. Campañas informativas, programas educativos en escuelas y comunidades, y la promoción de los beneficios a largo plazo pueden ayudar a superar esta resistencia y motivar a las personas a adoptar prácticas de transporte más sostenibles.

La integración de tecnologías es otro desafío clave. Garantizar que diferentes sistemas y tecnologías puedan trabajar juntos de manera eficiente es fundamental para el éxito de la movilidad sostenible. La interoperabilidad entre sistemas de transporte, plataformas digitales y tecnologías de gestión del tráfico es crucial para crear un ecosistema de movilidad cohesivo y eficiente. Además, la seguridad y privacidad de los datos son preocupaciones importantes. Proteger los datos de los ciudadanos y garantizar la seguridad de los sistemas inteligentes es fundamental para ganar la confianza del público. Implementar medidas robustas de ciberseguridad y desarrollar políticas claras sobre el uso y protección de datos puede ayudar a abordar estas preocupaciones.

Las regulaciones y normativas también juegan un papel crucial en la promoción de la movilidad sostenible. Es necesario desarrollar marcos regulatorios que apoyen la implementación de tecnologías de movilidad sostenible y protejan los intereses de los ciudadanos. Las regulaciones deben ser flexibles y adaptarse a la rápida evolución de las tecnologías. Esto requiere un enfoque proactivo y colaborativo entre los gobiernos y la industria para asegurar que las políticas sean efectivas y que los avances tecnológicos puedan ser adoptados sin obstáculos innecesarios.

Ejemplos concretos de superación de desafíos en la movilidad sostenible pueden observarse en diversas ciudades del mundo. Singapur, por ejemplo, ha implementado un modelo de financiamiento sostenible para su sistema de transporte público, utilizando una combinación de fondos públicos y privados. La ciudad también ha desarrollado marcos regulatorios avanzados y ha implementado tecnologías de seguridad y privacidad para proteger los datos de los ciudadanos. Este enfoque integrado ha permitido a Singapur construir un sistema de transporte eficiente y seguro, superando los desafíos financieros y tecnológicos.

En Vancouver, Canadá, la ciudad ha desarrollado programas educativos y de concienciación para fomentar la adopción de prácticas de movilidad sostenible. Vancouver ha involucrado activamente a los ciudadanos en la planificación del transporte y ha implementado incentivos económicos para facilitar la transición. Estos esfuerzos han ayudado a superar la resistencia al cambio y han promovido una cultura de sostenibilidad en la comunidad.

Oslo, Noruega, ha implementado sistemas de gestión del tráfico y plataformas digitales para integrar diferentes modos de transporte y mejorar la eficiencia de la movilidad urbana. La ciudad también ha desarrollado marcos regulatorios flexibles para adaptarse a la rápida evolución de las tecnologías. Estos esfuerzos han permitido a Oslo crear un sistema de movilidad cohesivo y eficiente, demostrando cómo la integración tecnológica y la regulación adaptable pueden superar barreras y promover la movilidad sostenible.

aunque la promoción de la movilidad sostenible enfrenta varios desafíos, estos pueden ser superados con la planificación adecuada, la cooperación entre sectores y un enfoque proactivo en la educación y la regulación. Ejemplos de ciudades como Singapur, Vancouver y Oslo muestran que es posible superar estas barreras y crear sistemas de transporte eficientes y sostenibles que beneficien tanto al medio ambiente como a la economía.

Perspectivas futuras y oportunidades emergentes

A medida que las tecnologías y enfoques de movilidad sostenible continúan evolucionando, las perspectivas futuras para el impacto económico de la movilidad sostenible son prometedoras. La convergencia de avances tecnológicos, modelos de negocio innovadores, enfoques inclusivos y equitativos, y la innovación en infraestructura está configurando un futuro en el que la movilidad sostenible no solo será beneficiosa para el medio ambiente, sino también un motor significativo de crecimiento económico.

Los avances tecnológicos y digitales desempeñarán un papel crucial en este desarrollo. El uso de inteligencia artificial (IA) y aprendizaje automático mejorará la gestión del tráfico, la planificación urbana y la eficiencia del transporte. Estos avances permitirán optimizar las rutas de transporte, reducir la congestión y mejorar la puntualidad de los servicios públicos, lo que se traducirá en ahorros de costos y mayor satisfacción para los usuarios. La expansión del Internet de las Cosas (IoT) permitirá una mayor conectividad y optimización de los sistemas de transporte, mejorando la eficiencia y la conveniencia. Los sensores conectados y los dispositivos inteligentes podrán recopilar y analizar datos en tiempo real, facilitando decisiones más informadas y rápidas. Además, el uso de blockchain para asegurar transacciones y datos puede mejorar la transparencia y reducir el fraude en los servicios de movilidad. Esta tecnología puede garantizar la integridad de las transacciones financieras y el intercambio de información, aumentando la confianza en los sistemas de movilidad.

Los modelos de negocio innovadores también son fundamentales para el futuro de la movilidad sostenible. La economía colaborativa puede proporcionar modelos de negocio innovadores para servicios de movilidad compartida, reduciendo costos y mejorando la accesibilidad. Plataformas de carsharing, bikesharing y ridesharing pueden ofrecer opciones de transporte asequibles y flexibles, disminuyendo la necesidad de propiedad de vehículos privados. El desarrollo de modelos de financiamiento sostenible, como bonos verdes y fondos de impacto social, puede asegurar que las soluciones de movilidad tengan los recursos necesarios para ser implementadas y mantenidas. Estos instrumentos financieros pueden atraer inversiones hacia proyectos de movilidad sostenible, asegurando su viabilidad y éxito a largo plazo.

Los enfoques inclusivos y equitativos son esenciales para asegurar que todos los ciudadanos se beneficien de las soluciones de movilidad sostenible. El diseño inclusivo debe asegurar que las soluciones de movilidad sean accesibles para todos, independientemente de su situación socioeconómica, geográfica o demográfica. Esto implica considerar las necesidades de personas con discapacidad, comunidades rurales y otras poblaciones vulnerables en el diseño y la implementación de infraestructuras y servicios de transporte. Las políticas equitativas deben promover la justicia social y ambiental, asegurando que todas las comunidades se beneficien de los avances en movilidad sostenible. Estas políticas pueden incluir subsidios para el transporte público en áreas de bajos ingresos, la promoción de vehículos eléctricos en comunidades desfavorecidas y la creación de infraestructura ciclista en todas las zonas urbanas.

La innovación en infraestructura también jugará un papel crucial en el futuro de la movilidad sostenible. Desarrollar infraestructuras multimodales que integren diferentes modos de transporte y faciliten la transición entre ellos mejorará la eficiencia y la conveniencia. Por ejemplo, estaciones de intercambio donde los pasajeros puedan cambiar fácilmente entre trenes, autobuses, bicicletas compartidas y scooters eléctricos pueden hacer que el transporte sea más fluido y accesible. Integrar energías renovables en la infraestructura de transporte, como estaciones de carga solar y sistemas de almacenamiento de energía, reducirá el impacto ambiental y mejorará la sostenibilidad. Estas innovaciones no solo disminuirán las emisiones de carbono, sino que también asegurarán que la infraestructura de transporte sea resiliente y capaz de soportar futuras demandas.

las perspectivas futuras para la movilidad sostenible son alentadoras y llenas de potencial. Los avances tecnológicos y digitales, los modelos de negocio innovadores, los enfoques inclusivos y equitativos, y la innovación en infraestructura están configurando un futuro donde la movilidad sostenible no solo es una necesidad ambiental, sino también una oportunidad económica. Con un enfoque integral y colaborativo, las ciudades y comunidades pueden crear sistemas de transporte que sean eficientes, accesibles y sostenibles, generando beneficios significativos para todos los ciudadanos y contribuyendo a un desarrollo económico robusto y equitativo.

Conclusión

La movilidad sostenible tiene un impacto económico significativo y ofrece numerosos beneficios a corto y largo plazo. Desde la reducción de costos operativos hasta la creación de empleo y el impulso al desarrollo económico, las soluciones de movilidad sostenible pueden generar ahorros, crear oportunidades y fomentar un crecimiento económico sostenible.

A medida que las tecnologías y enfoques continúan evolucionando, las oportunidades para avanzar en la movilidad sostenible y maximizar su impacto económico son inmensas. Con el enfoque adecuado, podemos construir un sistema de transporte que no solo satisfaga nuestras necesidades de movilidad, sino que también impulse el crecimiento económico, mejore la calidad de vida y proteja nuestro planeta para las futuras generaciones.

Este capítulo ha explorado en profundidad los beneficios económicos de la movilidad sostenible, proporcionando ejemplos de éxito y estrategias efectivas. En los capítulos siguientes, continuaremos explorando las tecnologías y las políticas que están configurando el futuro de la movilidad, con el objetivo de proporcionar una comprensión completa y convincente de cómo podemos construir un futuro más sostenible y equitativo para todos.

Capítulo 9: Movilidad Sostenible en Zonas Rurales

La movilidad sostenible no es solo una preocupación de las áreas urbanas; también es vital para las regiones rurales y comunidades desfavorecidas. Sin embargo, los desafíos y las necesidades de movilidad en estas áreas son distintos a los de las ciudades densamente pobladas. Este capítulo explora cómo las soluciones de movilidad sostenible pueden ser adaptadas e implementadas en regiones rurales y comunidades desfavorecidas, abordando las barreras específicas que enfrentan y destacando ejemplos de éxito de todo el mundo.

Desafíos específicos de las regiones rurales

Las regiones rurales enfrentan una serie de desafíos únicos en relación con la movilidad sostenible, que requieren enfoques adaptados y soluciones innovadoras. Estos desafíos incluyen la baja densidad de población, grandes distancias entre comunidades, acceso limitado a servicios y recursos, y desigualdades socioeconómicas que complican la implementación de soluciones de movilidad sostenible.

La baja densidad de población y las grandes distancias en las áreas rurales hacen que la provisión de servicios de transporte público sea más costosa y menos eficiente. Las comunidades dispersas dificultan la creación de una infraestructura de transporte que sea viable económicamente. Esto se traduce en una mayor dependencia del automóvil privado como principal, y a veces único, medio de transporte viable debido a la falta de alternativas. La necesidad de recorrer largas distancias para acceder a servicios básicos y oportunidades de empleo refuerza esta dependencia, lo que complica aún más la adopción de prácticas de movilidad sostenible.

El acceso limitado a servicios y recursos es otro desafío significativo en las regiones rurales. La infraestructura de carga para vehículos eléctricos (VE) es escasa, lo que dificulta la adopción de estos vehículos en áreas rurales. Sin estaciones de carga adecuadas, los residentes rurales pueden encontrar poco práctico cambiar a vehículos eléctricos, perpetuando la dependencia de los vehículos de combustión interna. Además, las opciones de transporte público en estas áreas son limitadas, con horarios y rutas que a menudo no satisfacen las necesidades de los residentes. La falta de transporte público confiable puede aislar aún más a las comunidades rurales, limitando su acceso a servicios esenciales como la atención médica, la educación y el empleo.

Las desigualdades socioeconómicas también juegan un papel importante en los desafíos de movilidad en las áreas rurales. Los ingresos promedio en estas regiones suelen ser más bajos, lo que puede dificultar la adopción de tecnologías de transporte sostenible más costosas, como los vehículos eléctricos. Los residentes rurales pueden no tener los recursos financieros para invertir en nuevas tecnologías de movilidad, y la falta de incentivos adecuados puede agravar esta situación. Además, las regiones rurales a menudo reciben menos inversiones en infraestructura de transporte, perpetuando las desigualdades en el acceso a la movilidad. Esta falta de inversión puede resultar en carreteras mal mantenidas y la ausencia de servicios de transporte público, lo que limita aún más las oportunidades económicas y la calidad de vida de los residentes rurales.

Para abordar estos desafíos, es necesario desarrollar enfoques adaptados y soluciones innovadoras que respondan a las necesidades específicas de las comunidades rurales. Una posible solución es la implementación de sistemas de transporte público flexibles, como los autobuses a demanda, que pueden adaptarse a las necesidades de movilidad de las comunidades dispersas. Estos sistemas pueden mejorar el acceso al transporte público sin incurrir en los altos costos asociados con las rutas y horarios fijos.

La expansión de la infraestructura de carga para vehículos eléctricos en áreas rurales es otra solución crucial. Invertir en estaciones de carga rápida en ubicaciones estratégicas puede facilitar la adopción de vehículos eléctricos en estas regiones, reduciendo la dependencia de los combustibles fósiles y mejorando la sostenibilidad. Los incentivos específicos para la adopción de VE en áreas rurales, como subsidios y exenciones fiscales, pueden hacer que estas tecnologías sean más accesibles para los residentes con ingresos más bajos.

Además, es esencial fomentar la colaboración entre el sector público y el privado para atraer inversiones en infraestructura de transporte en las regiones rurales. Asociaciones público-privadas pueden movilizar los recursos necesarios para mejorar las carreteras y desarrollar nuevas soluciones de transporte. También es importante involucrar a las comunidades rurales en el proceso de planificación del transporte para asegurarse de que las soluciones propuestas respondan a sus necesidades y prioridades.

las regiones rurales enfrentan desafíos únicos en la movilidad sostenible debido a la baja densidad de población, grandes distancias, acceso limitado a servicios y desigualdades socioeconómicas. Sin embargo, con enfoques adaptados y soluciones innovadoras, es posible superar estos obstáculos y mejorar la movilidad sostenible en estas áreas. La implementación de sistemas de transporte público flexibles, la expansión de la infraestructura de carga para vehículos eléctricos y la colaboración entre el sector público y privado pueden contribuir a crear un sistema de movilidad más equitativo y sostenible para las comunidades rurales.

Soluciones adaptadas para movilidad rural

Para abordar los desafíos de la movilidad en las regiones rurales, es necesario desarrollar soluciones de movilidad sostenible que se adapten a sus características y necesidades específicas. La implementación de estas soluciones puede mejorar significativamente el acceso al transporte y reducir la dependencia del automóvil privado.

Los vehículos eléctricos (VE) de largo alcance son fundamentales para cubrir las grandes distancias típicas de las áreas rurales. Los VE con baterías de mayor capacidad y autonomía extendida permiten a los residentes rurales recorrer distancias significativas sin preocuparse por la falta de estaciones de carga. Además, la instalación de estaciones de carga rápida en rutas estratégicas y puntos de interés, como centros comunitarios y paradas de autobús, puede facilitar la adopción de VE en las regiones rurales. Estas estaciones de carga deben estar bien distribuidas para garantizar que los usuarios de VE puedan acceder a ellas de manera conveniente y rápida.

El transporte público flexible y bajo demanda es otra solución clave para mejorar la movilidad en áreas rurales. Los servicios de transporte público bajo demanda, que se adaptan a las necesidades específicas de los usuarios en tiempo real, pueden mejorar la accesibilidad y eficiencia del transporte en estas áreas. Estos servicios permiten a los residentes solicitar transporte cuando lo necesiten, en lugar de depender de horarios fijos que pueden no ser convenientes. Además, el uso de microrrutas y vehículos compartidos, como minibuses y taxis colectivos, puede proporcionar una alternativa viable al transporte público tradicional. Estos vehículos más pequeños y flexibles pueden operar en rutas específicas según la demanda, ofreciendo un servicio más personalizado y eficiente.

La movilidad compartida y comunitaria también puede jugar un papel importante en las regiones rurales. La implementación de programas de carsharing y ridesharing puede reducir la dependencia del automóvil privado y ofrecer una opción de transporte más económica y sostenible. Estos programas permiten a los residentes compartir vehículos, lo que reduce los costos individuales y disminuye el número de vehículos en las carreteras. Además, las iniciativas comunitarias de transporte, como las cooperativas de transporte, pueden organizar y gestionar servicios de movilidad compartida adaptados a las necesidades locales. Estas cooperativas pueden coordinar el uso compartido de vehículos entre los miembros de la comunidad, optimizando los recursos y mejorando el acceso al transporte.

La integración de tecnología y digitalización es crucial para la implementación efectiva de estas soluciones de movilidad en áreas rurales. El desarrollo de aplicaciones y plataformas digitales que integren diferentes modos de transporte y proporcionen información en tiempo real puede mejorar la planificación y el acceso al transporte. Estas plataformas pueden ayudar a los usuarios a planificar sus viajes, conocer las opciones de transporte disponibles y acceder a servicios de transporte bajo demanda. Además, la mejora de la conectividad digital en las regiones rurales es esencial para el funcionamiento efectivo de estas plataformas y servicios. Una conectividad mejorada asegura que los residentes puedan utilizar aplicaciones de movilidad y acceder a información crucial en cualquier momento.

abordar los desafíos de movilidad en las regiones rurales requiere soluciones adaptadas y específicas que consideren las características únicas de estas áreas. Los vehículos eléctricos de largo alcance, el transporte público flexible y bajo demanda, la movilidad compartida y comunitaria, y la integración de tecnología y digitalización son enfoques clave para mejorar la accesibilidad y la eficiencia del transporte en las regiones rurales. Con una implementación adecuada, estas soluciones pueden transformar la movilidad rural, reduciendo la dependencia del automóvil privado y promoviendo un sistema de transporte más sostenible y accesible.

Políticas y programas de apoyo

Las políticas públicas y los programas de apoyo son fundamentales para fomentar la movilidad sostenible en las regiones rurales. La implementación de incentivos económicos, programas de financiamiento, regulaciones y colaboraciones público-privadas puede transformar significativamente la movilidad en estas áreas, haciéndola más accesible, eficiente y sostenible.

Los incentivos económicos y subsidios son herramientas cruciales para hacer que la movilidad sostenible sea más asequible para los residentes rurales. Los subsidios y exenciones fiscales para la compra de vehículos eléctricos (VE) pueden reducir el costo inicial de estos vehículos, haciéndolos más accesibles para las personas que viven en áreas rurales. Esto no solo incentiva la adopción de tecnologías más limpias, sino que también contribuye a reducir las emisiones de carbono en estas regiones. Además, los incentivos para la instalación de estaciones de carga en áreas rurales pueden estimular las inversiones necesarias y facilitar la adopción de VE. La disponibilidad de infraestructura de carga adecuada es esencial para que los residentes consideren los VE como una opción viable.

Los programas de financiamiento y subvenciones también juegan un papel vital en el desarrollo de soluciones de transporte en áreas rurales. Las subvenciones para el desarrollo y operación de servicios de transporte público flexible y bajo demanda pueden ayudar a establecer sistemas de transporte que se adapten a las necesidades específicas de los residentes rurales. Estos programas pueden proporcionar los recursos necesarios para implementar servicios de transporte que sean eficientes y accesibles. Asimismo, los fondos para iniciativas comunitarias de transporte pueden empoderar a las comunidades locales para desarrollar y gestionar sus propias soluciones de movilidad. Las comunidades pueden utilizar estos fondos para crear cooperativas de transporte y otros proyectos que respondan directamente a sus necesidades locales.

Las regulaciones y normativas son esenciales para asegurar que las soluciones de movilidad sean inclusivas y equitativas. Las regulaciones que establecen estándares de accesibilidad para el transporte público y la infraestructura de carga pueden asegurar que todas las personas, independientemente de sus habilidades físicas, tengan acceso a opciones de transporte. Esto es particularmente importante en áreas rurales, donde las opciones de transporte pueden ser limitadas. Además, las políticas de integración de transporte que promueven la colaboración entre diferentes modos de transporte pueden mejorar la eficiencia y efectividad de las soluciones de movilidad rural. Estas políticas pueden facilitar la transición entre diferentes tipos de transporte, como autobuses, bicicletas compartidas y vehículos eléctricos.

Las colaboraciones público-privadas son fundamentales para el desarrollo y la implementación de soluciones innovadoras de movilidad en áreas rurales. Las asociaciones con empresas de tecnología y movilidad pueden facilitar el desarrollo de soluciones que sean adaptadas a las necesidades específicas de las regiones rurales. Estas empresas pueden aportar conocimientos técnicos y recursos que complementen los esfuerzos del sector público. La cooperación con organizaciones comunitarias también es crucial para asegurar que las soluciones de movilidad sean relevantes y sostenibles a largo plazo. Las organizaciones comunitarias pueden proporcionar una comprensión profunda de las necesidades locales y ayudar a diseñar e implementar proyectos que sean aceptados por la comunidad.

las políticas públicas y los programas de apoyo son esenciales para fomentar la movilidad sostenible en las regiones rurales. Los incentivos económicos, los programas de financiamiento, las regulaciones inclusivas y las colaboraciones público-privadas pueden transformar la movilidad en estas áreas, haciéndola más accesible, eficiente y sostenible. Con un enfoque integral y colaborativo, las regiones rurales pueden superar los desafíos únicos que enfrentan y desarrollar sistemas de transporte que mejoren la calidad de vida de sus residentes.

Casos de éxito en movilidad rural

Varios estudios de caso de diferentes partes del mundo demuestran cómo las soluciones de movilidad sostenible pueden ser adaptadas e implementadas con éxito en regiones rurales y comunidades desfavorecidas, mostrando un impacto positivo en la accesibilidad y sostenibilidad del transporte.

En Finlandia, las áreas rurales enfrentan desafíos significativos en términos de acceso al transporte público debido a la baja densidad de población y las grandes distancias. Para abordar estos problemas, el gobierno finlandés ha implementado servicios de transporte público bajo demanda que utilizan aplicaciones móviles para conectar a los usuarios con vehículos disponibles en su área. Estos servicios se adaptan a las necesidades específicas de los usuarios en tiempo real, mejorando significativamente la accesibilidad del transporte público en las áreas rurales. Esta solución ha reducido la dependencia del automóvil privado y aumentado la eficiencia del sistema de transporte, proporcionando una alternativa viable y flexible para los residentes rurales.

En Escocia, la falta de opciones de transporte y la dependencia del automóvil privado son desafíos importantes en las áreas rurales. La organización comunitaria "Rural Car Club" ha desarrollado un programa de carsharing que permite a los residentes compartir vehículos a través de una plataforma digital. Los vehículos están disponibles en puntos estratégicos y se pueden reservar con antelación. Este programa ha reducido la necesidad de propiedad de vehículos privados, disminuyendo los costos de transporte y las emisiones de carbono. Además, ha mejorado la accesibilidad al transporte para los residentes que no pueden permitirse un automóvil propio, fomentando un sentido de comunidad y colaboración.

En el Valle de Hudson, Nueva York, una región caracterizada por grandes distancias entre comunidades y un acceso limitado a la infraestructura de carga para vehículos eléctricos (VE), se ha implementado una solución integral para fomentar la adopción de VE. El gobierno local, en colaboración con empresas de tecnología y organizaciones comunitarias, ha instalado estaciones de carga rápida en puntos estratégicos y ha proporcionado incentivos para la compra de VE. Además, se han desarrollado programas de educación y concienciación para fomentar la adopción de VE. Estos esfuerzos han llevado a un aumento significativo en la adopción de VE en la región, reduciendo las emisiones y mejorando la calidad del aire. Las estaciones de carga rápida han facilitado el uso diario de VE, haciendo que sean una opción viable para los residentes rurales.

En el norte de Australia, las comunidades indígenas y rurales enfrentan desafíos significativos en términos de accesibilidad y movilidad debido a las largas distancias y la falta de infraestructura. Para abordar estos desafíos, se han establecido cooperativas de transporte comunitario que proporcionan servicios de transporte flexibles y adaptados a las necesidades locales. Estos servicios utilizan minibuses y vehículos compartidos, y están gestionados por las comunidades locales. Las cooperativas han mejorado significativamente la accesibilidad al transporte, permitiendo a los residentes acceder a servicios esenciales y oportunidades económicas. La gestión comunitaria asegura que los servicios sean relevantes y sostenibles, adaptándose continuamente a las necesidades cambiantes de las comunidades.

Estos ejemplos destacan cómo las soluciones de movilidad sostenible pueden ser efectivamente adaptadas e implementadas en regiones rurales y comunidades desfavorecidas. A través de la innovación, la colaboración y la participación comunitaria, estas iniciativas han mejorado la accesibilidad, reducido las emisiones y fomentado un mayor sentido de comunidad. La clave del éxito radica en adaptar las soluciones a las características y necesidades específicas de cada región, asegurando que sean sostenibles y beneficiosas a largo plazo.

Estrategias de implementación y mejores prácticas

Para asegurar el éxito de las soluciones de movilidad sostenible en regiones rurales y comunidades desfavorecidas, es crucial seguir estrategias de implementación y mejores prácticas que se adapten a las necesidades locales y fomenten la participación comunitaria.

Una evaluación de necesidades locales es el primer paso esencial. Realizar evaluaciones detalladas ayuda a comprender las características y desafíos específicos de cada región rural y comunidad desfavorecida. Esta evaluación debe considerar factores como la densidad de población, las distancias entre comunidades, y las infraestructuras existentes. Involucrar a las comunidades locales en este proceso es fundamental. La participación comunitaria en la planificación y toma de decisiones asegura que las soluciones de movilidad respondan adecuadamente a las necesidades y preferencias de los residentes. Cuando las comunidades tienen voz y voto en el diseño de estas soluciones, es más probable que las adopten y apoyen activamente.

El desarrollo de capacidades y la formación son otros elementos clave. Proporcionar capacitación y recursos a los gestores de transporte y líderes comunitarios garantiza que tengan las habilidades y conocimientos necesarios para implementar y gestionar soluciones de movilidad sostenible. Esta formación debe incluir aspectos técnicos y de gestión, así como estrategias para promover la movilidad sostenible entre los residentes. Paralelamente, desarrollar programas educativos y de concienciación puede fomentar una cultura de sostenibilidad. Estos programas pueden incluir información sobre los beneficios ambientales y económicos de la movilidad sostenible, así como consejos prácticos para adoptar estas prácticas en la vida diaria.

La colaboración y las alianzas también son cruciales para el éxito de estas iniciativas. Fomentar asociaciones público-privadas permite compartir recursos y conocimientos, y puede ser una fuente importante de financiamiento para el desarrollo e implementación de soluciones de movilidad sostenible. Las empresas pueden aportar innovación y experiencia técnica, mientras que el sector público puede ofrecer apoyo regulatorio y financiero. Además, promover la cooperación intercomunitaria es vital. Compartir mejores prácticas y desarrollar soluciones conjuntas con otras comunidades rurales y desfavorecidas puede acelerar el proceso de implementación y aumentar la eficacia de las soluciones adoptadas.

El monitoreo y la evaluación son esenciales para garantizar que las soluciones de movilidad sostenible sean efectivas y se mantengan relevantes con el tiempo. Implementar sistemas de monitoreo continuo permite evaluar el desempeño y el impacto de estas soluciones, identificando áreas de mejora y ajustando las estrategias según sea necesario. Las evaluaciones de impacto periódicas son igualmente importantes. Estas evaluaciones deben medir los beneficios sociales, económicos y ambientales de las soluciones de movilidad, proporcionando datos valiosos que pueden informar futuras decisiones y políticas. Este enfoque basado en la evidencia ayuda a garantizar que las iniciativas de movilidad sostenible no solo sean efectivas, sino también sostenibles a largo plazo.

el éxito de las soluciones de movilidad sostenible en regiones rurales y comunidades desfavorecidas depende de una planificación cuidadosa, la participación comunitaria, el desarrollo de capacidades, la colaboración efectiva y un riguroso monitoreo y evaluación. Siguiendo estas mejores prácticas, es posible desarrollar sistemas de transporte que mejoren la calidad de vida de los residentes, reduzcan las emisiones de carbono y promuevan una mayor equidad en el acceso a la movilidad.

Perspectivas futuras y oportunidades emergentes

A medida que las tecnologías y enfoques de movilidad sostenible continúan evolucionando, las perspectivas futuras para las regiones rurales y comunidades desfavorecidas son prometedoras. La adopción de tecnologías emergentes, modelos de negocio innovadores, enfoques inclusivos y equitativos, y la innovación en infraestructura son elementos clave para transformar la movilidad en estas áreas.

El uso de tecnologías emergentes está en el centro de esta transformación. Los drones de transporte, por ejemplo, pueden ser utilizados para el transporte de mercancías y servicios esenciales en áreas de difícil acceso. Esta tecnología tiene el potencial de mejorar significativamente la conectividad y reducir los tiempos de viaje, facilitando el acceso a bienes y servicios críticos. Asimismo, los vehículos autónomos ofrecen nuevas oportunidades para el transporte bajo demanda y los servicios de movilidad compartida en regiones rurales. Estos vehículos pueden operar sin la necesidad de un conductor humano, lo que puede reducir los costos operativos y aumentar la accesibilidad del transporte en áreas donde los servicios tradicionales son escasos.

Los modelos de negocio innovadores también juegan un papel crucial en la movilidad sostenible. La economía colaborativa, que incluye servicios como el carsharing y el ridesharing, puede proporcionar soluciones de movilidad compartida que reduzcan los costos y mejoren la accesibilidad. Estos modelos permiten a los usuarios compartir recursos y servicios, lo que puede ser particularmente beneficioso en áreas con baja densidad de población. Además, el desarrollo de modelos de financiamiento sostenible, como los bonos verdes y los fondos de impacto social, puede asegurar que las soluciones de movilidad tengan los recursos necesarios para ser implementadas y mantenidas. Estos instrumentos financieros pueden atraer inversiones hacia proyectos de movilidad sostenible, proporcionando los fondos necesarios para su desarrollo y operación a largo plazo.

Enfoques inclusivos y equitativos son esenciales para asegurar que las soluciones de movilidad beneficien a todos los ciudadanos. El diseño inclusivo implica crear soluciones de movilidad que sean accesibles para todos, independientemente de su situación socioeconómica, geográfica o demográfica. Esto puede incluir la implementación de servicios de transporte adaptados para personas con discapacidad y la provisión de opciones de transporte asequibles para las comunidades de bajos ingresos. Además, desarrollar políticas equitativas que promuevan la justicia social y ambiental es crucial. Estas políticas deben asegurar que todas las comunidades, incluidas las desfavorecidas, se beneficien de las soluciones de movilidad sostenible y tengan acceso equitativo a los servicios de transporte.

La innovación en infraestructura es otro componente vital para el éxito de la movilidad sostenible en regiones rurales. Desarrollar infraestructuras multimodales que integren diferentes modos de transporte puede facilitar la transición entre ellos, mejorando la eficiencia y la conveniencia del sistema de transporte. Esto puede incluir la creación de hubs de transporte donde los usuarios puedan fácilmente cambiar de un modo de transporte a otro, como de bicicleta a autobús o de vehículo eléctrico a tren. Además, la integración de energías renovables en la infraestructura de transporte es fundamental para reducir el impacto ambiental y mejorar la sostenibilidad. Esto puede lograrse mediante la instalación de estaciones de carga solar y sistemas de almacenamiento de energía, que proporcionen energía limpia y renovable para los vehículos eléctricos y otras tecnologías de transporte.

las perspectivas futuras para la movilidad sostenible en regiones rurales y comunidades desfavorecidas son alentadoras, gracias a la adopción de tecnologías emergentes, modelos de negocio innovadores, enfoques inclusivos y equitativos, y la innovación en infraestructura. Estas estrategias pueden transformar la movilidad en estas áreas, mejorando la accesibilidad, reduciendo las emisiones de carbono, y promoviendo una mayor equidad y sostenibilidad en el acceso a los servicios de transporte. Con un enfoque coordinado y centrado en las necesidades locales, es posible crear sistemas de movilidad que beneficien a todos los ciudadanos y contribuyan al desarrollo sostenible de las comunidades rurales y desfavorecidas.

Conclusión

La movilidad sostenible en regiones rurales y comunidades desfavorecidas presenta desafíos únicos, pero también ofrece oportunidades significativas para mejorar la calidad de vida, reducir el impacto ambiental y fomentar el desarrollo económico. A través de soluciones adaptadas, políticas de apoyo, participación comunitaria y colaboración, es posible superar estas barreras y avanzar hacia un futuro de movilidad más inclusivo y sostenible.

Los ejemplos presentados en este capítulo demuestran que, con el enfoque adecuado, es posible implementar soluciones de movilidad sostenible en diversas condiciones y contextos. A medida que las tecnologías y enfoques continúan evolucionando, las regiones rurales y comunidades desfavorecidas pueden beneficiarse de las oportunidades emergentes, asegurando que nadie se quede atrás en la transición hacia un sistema de transporte más limpio, eficiente y equitativo.

Este capítulo ha explorado las estrategias y ejemplos de éxito en la promoción de la movilidad sostenible en regiones rurales y comunidades desfavorecidas, proporcionando una visión comprensiva y optimista de cómo podemos avanzar en esta área crucial. En los capítulos siguientes, continuaremos explorando las tecnologías y las políticas que están configurando el futuro de la movilidad, con el objetivo de proporcionar una comprensión completa y convincente de cómo podemos construir un futuro más sostenible y equitativo para todos.

Conclusión: Hacia un Futuro de Movilidad Sostenible

A lo largo de este libro, hemos explorado diversos aspectos de la movilidad sostenible, desde los avances tecnológicos y las políticas públicas, hasta la participación ciudadana, la educación y el impacto económico. Hemos analizado cómo estos elementos se interrelacionan y contribuyen a la transformación de nuestros sistemas de transporte hacia modelos más sostenibles, eficientes y equitativos. En esta conclusión, sintetizaremos los aprendizajes clave de cada capítulo, destacaremos los desafíos y oportunidades emergentes y ofreceremos una visión comprensiva y optimista sobre el futuro de la movilidad sostenible.

Recapitulación de los aprendizajes clave

Los avances tecnológicos son fundamentales para la transición hacia la movilidad sostenible. Innovaciones en vehículos eléctricos (VE), infraestructura de carga, telemática y combustibles alternativos han mejorado significativamente la eficiencia, accesibilidad y sostenibilidad de nuestros sistemas de transporte. Los vehículos eléctricos de nueva generación, con mejoras en las baterías y sistemas de propulsión, han incrementado la autonomía y reducido los costos, haciendo de los VE una opción viable y atractiva para un número creciente de consumidores. La infraestructura de carga rápida y las tecnologías de carga inalámbrica han mejorado la conveniencia y accesibilidad de los VE, facilitando su adopción masiva. Los sistemas de gestión de flotas y la conducción autónoma están transformando la eficiencia operativa y la seguridad del transporte. Además, los biocombustibles, el gas natural comprimido (GNC) y el hidrógeno son opciones prometedoras para reducir las emisiones en el transporte pesado y de largo alcance. Las tecnologías de hibridación y los sistemas de escape avanzados también están ayudando a reducir las emisiones de los vehículos de combustión interna.

Las ciudades inteligentes están en la vanguardia de la movilidad sostenible, utilizando tecnologías avanzadas y enfoques de planificación urbana innovadores para mejorar la calidad de vida de sus habitantes y reducir el impacto ambiental. La infraestructura digital y los sensores, como las redes de comunicación 5G y las plataformas de datos abiertos, son esenciales para la gestión eficiente del tráfico y la optimización de los servicios de movilidad. La electrificación del transporte público y la integración de modos de transporte en plataformas de movilidad como servicio (MaaS) están mejorando la eficiencia y accesibilidad del transporte urbano. Los servicios de carsharing, bikesharing y ridesharing, junto con los vehículos autónomos, ofrecen soluciones de transporte flexible y sostenible, reduciendo la dependencia del automóvil privado. La planificación urbana sostenible, con zonas de bajas emisiones, el desarrollo orientado al tránsito (TOD) y la infraestructura ciclista y peatonal, está fomentando modos de transporte activo y reduciendo la congestión y las emisiones.

La participación de los ciudadanos y una educación adecuada son esenciales para fomentar una cultura de sostenibilidad y asegurar la adopción de soluciones de movilidad sostenible. Las campañas de concienciación y educación pública, a través de medios de comunicación, eventos comunitarios y programas educativos en escuelas, son efectivos para informar y motivar a los ciudadanos a adoptar prácticas sostenibles. La consulta pública, las encuestas y los comités comunitarios permiten a los ciudadanos expresar sus necesidades y preocupaciones, asegurando que las soluciones de movilidad sean inclusivas y representativas. Los talleres, cursos y programas de embajadores comunitarios proporcionan los conocimientos y habilidades necesarios para implementar y mantener soluciones de movilidad sostenible.

La movilidad sostenible ofrece numerosos beneficios económicos, desde la reducción de costos operativos hasta la creación de empleo y el impulso al desarrollo económico. Los VE y los modos de transporte sostenible, como la bicicleta y el transporte público, tienen costos de combustible y mantenimiento significativamente más bajos que los vehículos de combustión interna. La optimización de rutas y la reducción de la congestión también mejoran la eficiencia operativa. La transición hacia la movilidad sostenible está generando empleos en la fabricación de VE y baterías, el desarrollo de infraestructura de carga y los servicios de movilidad compartida. La inversión en I+D y el ecosistema de startups también están impulsando el crecimiento económico. La reducción de la contaminación del aire y la promoción de modos de transporte activo mejoran la salud pública, generando ahorros en costos médicos y mejorando la calidad de vida de los ciudadanos.

Los subsidios, exenciones fiscales y programas de financiamiento verde están facilitando la adopción de soluciones de movilidad sostenible y asegurando un retorno de inversión a largo plazo.

Las regiones rurales y las comunidades desfavorecidas enfrentan desafíos específicos en relación con la movilidad sostenible, pero también ofrecen oportunidades significativas para mejorar la calidad de vida y fomentar el desarrollo económico. La baja densidad de población, las grandes distancias y el acceso limitado a servicios y recursos son desafíos importantes en las áreas rurales. Las desigualdades socioeconómicas también pueden dificultar la adopción de tecnologías de transporte sostenible. Los VE de largo alcance, los servicios de transporte público bajo demanda y las iniciativas comunitarias de movilidad compartida son soluciones viables para las regiones rurales. La integración de tecnología y la digitalización también pueden mejorar la planificación y el acceso al transporte. Los incentivos económicos, los programas de financiamiento y las colaboraciones público-privadas son esenciales para fomentar la movilidad sostenible en las regiones rurales y desfavorecidas.

Los estudios de caso de diferentes partes del mundo demuestran cómo las soluciones de movilidad sostenible pueden ser adaptadas e implementadas con éxito en regiones rurales y comunidades desfavorecidas. En Finlandia, los servicios de transporte público bajo demanda utilizan aplicaciones móviles para conectar a los usuarios con vehículos disponibles en su área, mejorando significativamente la accesibilidad del transporte público en las áreas rurales. En Escocia, la organización comunitaria "Rural Car Club" ha desarrollado un programa de carsharing que permite a los residentes compartir vehículos a través de una plataforma digital, reduciendo la necesidad de propiedad de vehículos privados. En el Valle de Hudson en Nueva York, la instalación de estaciones de carga rápida y los incentivos para la compra de VE han facilitado la adopción de estos vehículos, mejorando la calidad del aire. En el norte de Australia, las cooperativas de transporte comunitario proporcionan servicios de transporte flexibles y adaptados a las necesidades locales, mejorando significativamente la accesibilidad al transporte.

Para asegurar el éxito de las soluciones de movilidad sostenible en regiones rurales y comunidades desfavorecidas, es crucial seguir estrategias de implementación y mejores prácticas. Realizar evaluaciones de necesidades para comprender las características y desafíos específicos de cada región y comunidad, y asegurar la participación comunitaria en la planificación y toma de decisiones, son pasos esenciales. Proporcionar capacitación y recursos para los gestores de transporte y líderes comunitarios, y desarrollar programas educativos y de concienciación, pueden fomentar una cultura de sostenibilidad. Fomentar asociaciones público-privadas y la cooperación entre diferentes comunidades puede compartir recursos y conocimientos. Implementar sistemas de monitoreo continuo y realizar evaluaciones de impacto periódicas pueden medir los beneficios sociales, económicos y ambientales de las soluciones de movilidad, e informar futuras decisiones y políticas.

A medida que las tecnologías y enfoques de movilidad sostenible continúan evolucionando, las perspectivas futuras para las regiones rurales y comunidades desfavorecidas son prometedoras. El uso de drones para el transporte de mercancías y servicios esenciales en áreas de difícil acceso puede mejorar la conectividad y reducir los tiempos de viaje. Los vehículos autónomos pueden ofrecer nuevas oportunidades para el transporte bajo demanda y los servicios de movilidad compartida. La economía colaborativa puede proporcionar modelos de negocio innovadores para servicios de movilidad compartida, reduciendo costos y mejorando la accesibilidad. El desarrollo de modelos de financiamiento sostenible, como bonos verdes y fondos de impacto social, puede asegurar que las soluciones de movilidad tengan los recursos necesarios. Hay que asegurar que las soluciones de movilidad sean inclusivas y accesibles para todos los ciudadanos, y desarrollar políticas equitativas que promuevan la justicia social y ambiental, son esenciales. Desarrollar infraestructuras multimodales que integren diferentes modos de transporte y faciliten la transición entre ellos, y la integración de energías renovables en la infraestructura de transporte, pueden mejorar la eficiencia y la sostenibilidad.

Desafíos y oportunidades emergentes

A pesar de los avances y beneficios de la movilidad sostenible, aún existen desafíos que deben ser abordados para asegurar su éxito a largo plazo. Uno de los principales desafíos es el costo inicial y el financiamiento. El desarrollo de infraestructura de movilidad sostenible requiere inversiones significativas, lo que puede ser una barrera para muchas ciudades y comunidades. Para superar estas barreras, es crucial implementar modelos de financiamiento sostenibles, como los bonos verdes y las asociaciones público-privadas. Además, es esencial garantizar que todas las comunidades, incluidas las desfavorecidas, tengan acceso a financiamiento para desarrollar soluciones de movilidad sostenible, asegurando así la equidad en su implementación.

Otro desafío importante es la aceptación pública y el cambio de comportamiento. La resistencia al cambio y la falta de interés pueden dificultar la adopción de nuevas tecnologías y modos de transporte sostenible. Para fomentar cambios en el comportamiento, las campañas de concienciación y los programas educativos son fundamentales. Además, es vital asegurar que las soluciones de movilidad sostenible sean inclusivas y accesibles para todos los ciudadanos, independientemente de su situación socioeconómica o geográfica.

La integración de tecnologías y regulaciones también presenta desafíos significativos. Garantizar que diferentes sistemas y tecnologías puedan trabajar juntos de manera eficiente es crucial para el éxito de la movilidad sostenible. La cooperación internacional y la estandarización de tecnologías son esenciales para lograr la interoperabilidad. Además, proteger los datos de los ciudadanos y garantizar la seguridad de los sistemas inteligentes es fundamental para ganar la confianza del público. Las regulaciones deben ser flexibles y adaptarse a la rápida evolución de las tecnologías.

Por último, la planificación urbana y el desarrollo sostenible son esenciales para el éxito de la movilidad sostenible. La planificación urbana orientada al tránsito (TOD) se centra en el desarrollo alrededor de nodos de transporte público, fomentando el uso del transporte público y reduciendo la dependencia del automóvil. La expansión de zonas de bajas emisiones y áreas peatonales puede mejorar la calidad del aire y promover modos de transporte activos, contribuyendo a un desarrollo urbano más sostenible.

a pesar de los avances en la movilidad sostenible, es necesario abordar varios desafíos para asegurar su éxito a largo plazo. Estos desafíos incluyen el costo inicial y el financiamiento, la aceptación pública y el cambio de comportamiento, la integración de tecnologías y regulaciones, y la planificación urbana y el desarrollo sostenible. Con esfuerzos concertados en estas áreas, es posible crear un sistema de movilidad sostenible que beneficie a todas las comunidades y contribuya a un futuro más limpio y saludable.

Perspectivas futuras para la movilidad sostenible

El futuro de la movilidad sostenible está lleno de oportunidades y desafíos, y su éxito dependerá de nuestra capacidad para innovar, colaborar y comprometernos con la sostenibilidad. Uno de los principales motores de esta transformación serán los avances tecnológicos y digitales. El uso de inteligencia artificial (IA) y aprendizaje automático promete mejorar la gestión del tráfico, la planificación urbana y la eficiencia del transporte, permitiendo una optimización continua y adaptativa. La expansión del Internet de las Cosas (IoT) permitirá una mayor conectividad y optimización de los sistemas de transporte, mejorando la eficiencia y la conveniencia. Además, la implementación de blockchain para asegurar transacciones y datos puede aumentar la transparencia y reducir el fraude en los servicios de movilidad.

Modelos de negocio innovadores también jugarán un papel crucial en el futuro de la movilidad sostenible. La economía colaborativa puede proporcionar nuevos modelos para servicios de movilidad compartida, reduciendo costos y mejorando la accesibilidad. El desarrollo de modelos de financiamiento sostenible, como bonos verdes y fondos de impacto social, puede asegurar que las soluciones de movilidad cuenten con los recursos necesarios para ser implementadas y mantenidas. Estas innovaciones financieras son esenciales para apoyar el crecimiento y la expansión de las infraestructuras sostenibles.

En cuanto a los enfoques inclusivos y equitativos, es fundamental asegurar que las soluciones de movilidad sean accesibles para todos los ciudadanos, independientemente de su situación socioeconómica, geográfica o demográfica. El diseño inclusivo de las infraestructuras y servicios de transporte es clave para garantizar que nadie quede excluido. Además, desarrollar políticas equitativas que promuevan la justicia social y ambiental es esencial para asegurar que todas las comunidades se beneficien de las soluciones de movilidad sostenible.

La innovación en infraestructura es otra área crucial para el éxito de la movilidad sostenible. Desarrollar infraestructuras multimodales que integren diferentes modos de transporte y faciliten la transición entre ellos mejorará la eficiencia y la conveniencia del sistema de transporte. Además, la integración de energías renovables en la infraestructura de transporte, como estaciones de carga solar y sistemas de almacenamiento de energía, puede reducir el impacto ambiental y mejorar la sostenibilidad a largo plazo.

el futuro de la movilidad sostenible depende de nuestra capacidad para aprovechar los avances tecnológicos y digitales, desarrollar modelos de negocio innovadores, implementar enfoques inclusivos y equitativos, y fomentar la innovación en infraestructura. Con un compromiso colectivo y una colaboración efectiva, es posible crear un sistema de transporte que no solo satisfaga nuestras necesidades de movilidad, sino que también promueva la sostenibilidad y el bienestar de todas las comunidades.

Visión para un futuro sostenible

La transición hacia un transporte sostenible es una tarea compleja y multifacética que requiere la cooperación y el compromiso de todos los sectores de la sociedad. A través de la innovación tecnológica, la participación ciudadana, la educación y las políticas públicas efectivas, podemos avanzar hacia un futuro de movilidad más limpio, eficiente y equitativo. Para lograr este objetivo, es esencial que se establezcan fuertes lazos de colaboración y cooperación entre gobiernos, empresas y comunidades. Las asociaciones público-privadas, la cooperación internacional y la participación de la comunidad pueden facilitar el desarrollo e implementación de soluciones de transporte sostenible.

La colaboración entre diferentes actores no solo permite compartir recursos y conocimientos, sino que también fomenta la innovación y la creatividad en la búsqueda de soluciones efectivas. La innovación tecnológica y la capacidad de adaptarse a las cambiantes necesidades del mercado son esenciales para continuar avanzando en la movilidad sostenible. Las ciudades y las empresas deben estar dispuestas a probar nuevas ideas, aprender de la experiencia y ajustar sus estrategias según sea necesario. Esto implica estar abiertos a la experimentación y a la implementación de nuevas tecnologías, así como a la revaluación y ajuste continuo de las políticas y prácticas existentes.

Un compromiso firme con la sostenibilidad es fundamental para garantizar que las futuras generaciones puedan disfrutar de un entorno limpio y saludable. Las políticas y estrategias de transporte deben priorizar la reducción de emisiones, la eficiencia energética y la equidad social. Esto significa adoptar prácticas que minimicen el impacto ambiental y promuevan el bienestar social y económico. Las decisiones en materia de transporte deben estar guiadas por principios de sostenibilidad, buscando siempre equilibrar el desarrollo con la preservación del medio ambiente y el bienestar de las comunidades.

la transición hacia un transporte sostenible no es una tarea sencilla, pero es una meta alcanzable si se abordan con un enfoque colaborativo, innovador y comprometido con la sostenibilidad. Es crucial que todos los sectores de la sociedad trabajen juntos para desarrollar e implementar soluciones de movilidad que sean limpias, eficientes y equitativas. A través de la cooperación, la adaptación a nuevas tecnologías y un firme compromiso con la sostenibilidad, podemos construir un futuro de movilidad que beneficie a todos.

Conclusión

La movilidad sostenible no es solo una meta deseable; es una necesidad urgente para enfrentar los desafíos ambientales, sociales y económicos de nuestro tiempo. En las páginas de este libro, hemos explorado cómo las tecnologías avanzadas, las políticas públicas efectivas, la participación ciudadana activa y los beneficios económicos pueden converger para crear un sistema de transporte más sostenible y equitativo.

El cambio climático, la contaminación del aire y la congestión urbana son problemas que ya no podemos ignorar. Las decisiones que tomamos hoy determinarán el mundo en el que vivirán nuestras futuras generaciones. La movilidad sostenible ofrece una solución poderosa y viable a estos problemas, proporcionando una forma de transporte que respeta el medio ambiente, fomenta la inclusión social y apoya el crecimiento económico.

Hemos visto cómo los avances en vehículos eléctricos, la infraestructura de carga y las tecnologías de telemática pueden transformar nuestras ciudades y comunidades. Los vehículos eléctricos reducen significativamente las emisiones de gases de efecto invernadero y la contaminación del aire, mientras que las estaciones de carga rápida y las soluciones de carga inalámbrica hacen que sea más conveniente y accesible para todos adoptar esta tecnología. Además, la telemática y los sistemas de gestión inteligente del tráfico mejoran la eficiencia operativa y la seguridad vial.

Las políticas públicas juegan un papel crucial en este proceso. Los gobiernos tienen la responsabilidad de crear un entorno favorable para la movilidad sostenible mediante la implementación de regulaciones que promuevan el uso de tecnologías limpias, la inversión en infraestructura y el ofrecimiento de incentivos económicos. Los subsidios para la compra de vehículos eléctricos, las exenciones fiscales para la instalación de estaciones de carga y las inversiones en transporte público sostenible son solo algunas de las medidas que pueden impulsar la adopción de prácticas de movilidad sostenible.

La participación ciudadana también es esencial. Los ciudadanos no solo deben ser informados sobre los beneficios de la movilidad sostenible, sino que también deben estar involucrados en el proceso de planificación y toma de decisiones. La consulta pública, las encuestas y la formación de comités comunitarios son herramientas poderosas para asegurar que las soluciones de movilidad reflejen las necesidades y preferencias de la comunidad. Además, la educación y la concienciación pueden ayudar a cambiar comportamientos y fomentar una cultura de sostenibilidad.

Los beneficios económicos de la movilidad sostenible son significativos y de amplio alcance. La reducción de los costos operativos para las empresas y los individuos, la creación de empleos en nuevas industrias tecnológicas y la mejora de la salud pública son solo algunos de los beneficios que hemos discutido. Las ciudades y comunidades que invierten en movilidad sostenible no solo están protegiendo el medio ambiente, sino que también están creando una base sólida para un crecimiento económico sostenible y equitativo.

El éxito de la movilidad sostenible depende de nuestra capacidad para trabajar juntos, innovar y mantener un firme compromiso con la sostenibilidad. Esto requiere una visión compartida y un esfuerzo colectivo para superar los desafíos y aprovechar las oportunidades que se presentan. Con el enfoque adecuado, podemos construir un sistema de transporte que no solo satisfaga nuestras necesidades de movilidad, sino que también proteja nuestro planeta y mejore la calidad de vida para todos.

Esperamos que las lecciones y estrategias presentadas en este libro inspiren a gobiernos, empresas y ciudadanos a tomar medidas concretas y contribuir a la creación de un futuro de movilidad más limpio, eficiente y equitativo para las futuras generaciones. La transición hacia la movilidad sostenible no será fácil, pero con determinación y colaboración, podemos avanzar hacia un futuro que beneficie a todos y asegure un planeta más saludable y próspero para todos.

Imaginemos un mundo donde nuestras ciudades estén libres de contaminación del aire, donde el transporte sea accesible para todos y donde nuestras comunidades sean vibrantes y sostenibles. Este es el futuro que podemos construir si trabajamos juntos y nos comprometemos con la movilidad sostenible. Cada acción cuenta, cada decisión importa. Juntos, podemos hacer realidad este futuro.

www.ingramcontent.com/pod-product-compliance
Lightning Source LLC
Chambersburg PA
CBHW071916210526
45479CB00002B/433